人工智慧 入門

演算分析 ✕ 設計習題 ✕ 章節回顧

不只當「被 AI 引導的人」，更要成為「掌控 AI 的人」！
未來不遠，跟不上時代腳步，未來一定不會有你！

姚期智 —— 主編

新世紀的技術大變革，「人工智慧」背後的核心技術與原理為何？
「圖靈測試」早在 70 年前就預言了機器的智慧將會顛覆世界？

程式設計基礎 ✕ 搜尋算法定義 ✕ 過度低度擬和 ✕ 隨機森林算法⋯⋯
不只當「被 AI 引導的人」，更要成為「掌控 AI 的人」
——想要掌握 AI，先從理論課開始學起！

目錄

目錄

第 4 章　決策樹、梯度提升

第 5 章　神經網路

第 6 章　電腦視覺

第 7 章　自然語言處理

第 8 章　馬可夫決策過程與強化學習

前言

縱觀科學的發展史，人工智慧可以說是人類長期以來一直不停追求，力求理解與掌握的一個領域。從 2,000 多年前的亞里斯多德開始，到後來的科學巨擘圖靈（Alan Turing，電腦科學之父）與夏農（Claude Shannon，資訊理論的創始人），他們無一不為人類的智慧及後來的人工智慧著迷，並不倦地探索。科學家們希望能以科學的方法理解智慧的本質，並製造出智慧的機器，實現像人腦一樣的學習、理解與決策。

在人工智慧的發展史上，有兩個里程碑式的事件最為人們所稱道。一是圖靈在 1950 年的劃時代論文《電腦機器與智慧》（*Computing Machinery and Intelligence*）中提出著名的「圖靈測試」：如果一臺機器能與人類透過通訊設備對話，並不被辨別出其機器身分，則稱這臺機器具有智慧。可以說，圖靈測試從計算科學的角度提供了一個智慧的定義。二是 1955 年，麥卡錫（John McCarthy）、明斯基（Marvin Minsky）、夏農與羅徹斯特（Nathaniel Rochester）共同提交了一份申請書，提出於 1956 年暑假在美國漢諾瓦小鎮的達特茅斯學院舉行一場研討會，討論透過機器實現智慧所需的科學基礎。在這次會議上，人工智慧的概念正式被提出。

A PROPOSAL FOR THE

DARTMOUTH SUMMER RESEARCH PROJECT

ON ARTIFICIAL INTELLIGENCE

J. McCarthy, Dartmouth College
M. L. Minsky, Harvard University
N. Rochester, I. B. M. Corporation
C. E. Shannon, Bell Telephone Laboratories

August 31, 1955

達特茅斯研討會的申請書

　　在科學家們前赴後繼的努力下，自 1956 年的達特茅斯會議至今，人工智慧得到了巨大的發展，並在許多領域獲得驚人的成就。比如 1997 年機器人「深藍（Deep Blue）」擊敗國際西洋棋世界冠軍卡斯帕洛夫；2012 年卷積神經網路在 ImageNet 圖像識別比賽中一舉奪魁；2016 年機器人 AlphaGo 系統擊敗世界圍棋冠軍李世石。除了技術上的突破，人工智慧技術也不斷在實際生活中得到廣泛的應用，包括人臉識別、智慧音響、智慧手機、醫療影像的自動診斷、語音助理、金融科技、機器人、無人駕駛汽車⋯⋯等。這些日新月異的新技術，無不彰顯了人工智慧技術為人們生活帶來的巨大影響。

　　那麼，所有這些激動人心的突破究竟是如何實現的？它們背後的核心技術與原理又是什麼？我們現在距離真正的人工智慧 —— 還有多遠？

如何才能持續推進人工智慧的發展？想要回答這些問題，我們必須系統深入地了解人工智慧不同方向的核心原理與前端發展。而中學的人工智慧教育，是人才培養的核心環節。正因為如此，本書希望在中學階段為同學們打下堅實的人工智慧知識基礎，助力同學們在人工智慧領域的學習。有別於大部分市面上的教材，本書希望為同學們系統性地介紹人工智慧的核心方向，並學習具體原理。對具體原理的了解與把握，能幫助同學們建立對人工智慧發展的科學理解，更有利於同學們在學習探索中，把握正確的思考方向。

為達成這個目標，本書精選並介紹了八個人工智慧的核心方向（即搜尋、機器學習、線性迴歸、決策樹、神經網路、電腦視覺、自然語言處理、強化學習）及其中適合中學階段學習的重點知識，確保在使教學內容易於接受的同時，書中覆蓋的知識點與高等教育中的人工智慧教育一脈相承。

本書由姚期智院士主編，黃隆波副主編。全書共分為 9 章，第 0 章介紹數學與程式設計基礎，第 1 章介紹搜尋，第 2 章介紹機器學習，第 3 章討論線性迴歸，第 4 章闡述決策樹、梯度提升和隨機森林，第 5 章介紹神經網路，第 6 章分析電腦視覺，第 7 章介紹自然語言處理，第 8 章介紹馬可夫決策過程與強化學習。第 0 章和附錄由馬雄峰、吳文斐編寫，第 1 章由張崇潔編寫，第 2 章、第 3 章和第 5 章由袁洋編寫，第 4 章由李建編寫，第 6 章由高陽編寫，第 7 章由吳翼編寫，第 8 章由黃隆波編寫。

本書每一章均透過大家熟知的場景為背景，介紹知識點的實際應用，以簡單的例子詳細介紹核心的原理，並以簡潔的文字與數學語言，具體描述原理及擴展。同時，本書的每一章均提供精心設計的練習題。我們希望透過教學與訓練的方式，使同學們獲得對演算法的具體經驗，並

在練習中加深對基礎理論的理解，做到舉一反三。為方便同學們進行學習，本書同時配套網路資源，提供相關的原始碼及額外的實驗習題，供感興趣的同學進一步學習。本書的推薦使用方式如下：①第 0 章為數學與程式設計基礎，對此部分比較熟悉的同學，可以選擇跳過，直接進入後面章節。②第 1 章至第 4 章為人工智慧入門的基礎章節，這 4 章之間的連結緊密。因此，建議同時進行學習，學習時間為一個學期。在章節的學習中，建議結合習題與網路資源進行實驗加深理解與鞏固。③第 5 章至第 8 章為細分章節，分別介紹人工智慧 4 個不同方向的基礎知識與原理。在介紹時，可以根據學生興趣與課程時間進行安排。其中較難的部分在授課時可作為選講章節。

　　編寫者對編寫這本教材非常興奮。我們希望透過本書，讓更多的學生了解人工智慧先進方向的核心原理，並從科學的視角觀察與理解尖端科學研究成果。人工智慧是一個基礎非常寬廣的領域，涉及電腦、數學、心理學、神經科學在內的多個學科。因此，本書也僅僅是覆蓋了人工智慧的冰山一角。編寫者希望透過本書，讓同學們對人工智慧的神奇與巨大作用有個初步了解，進而不斷學習相關學科的知識，為今後從事人工智慧的研究，打下良好的基礎。

第 0 章

數學與程式設計基礎

引言

　　數學與程式設計知識是學習人工智慧的必要基礎。在本章中，將介紹本書涉及的數學知識與程式設計的基本概念，使同學們無需進行額外閱讀與學習，便可直接進入後面章節。為便於理解，本章主要介紹必要的定義與基礎，對知識點的擴展與解釋將放在附錄裡。程式設計基礎部分主要基於廣泛使用的 Python 語言進行介紹。因此，本章內容也可視為 Python 語言學習的入門。

0.1　數學基礎

0.1.1　導數

　　導數，也稱微商，在自然科學、電腦科學、工程學科等領域均有重要的應用。導數研究的是函數在某一點附近的局部性質，用以刻劃曲線或曲面的彎曲程度。以下，將簡單介紹導數的基本概念、計算方法及一些簡單應用，以便後續章節使用。大學的微積分課程，將對導數進行詳細闡述。

0.1.1.1　導數的定義

　　在日常生活及科學研究中，我們經常會遇到需要表示某種量變化快慢的問題。例如，汽車行進過程中，位置變化的快慢；吹氣球時，氣球的半徑隨吹入氣體的量變化的快慢；登山過程中，山的高度隨位置變化的快慢（即陡峭程度）……等。那麼，我們如何描述這些變化的快慢呢？

可以看到，上述問題中均涉及兩個量：一個是我們關心的正在變化的量（汽車的位置、氣球的半徑、山的高度等），稱為應變量，通常記為 y；另一個是引起這個變化的原因（汽車行駛的時間、吹入氣體的量、相對於山的位置等），稱為自變量，記為 x。這兩個量之間存在函數關係，不妨寫成 $y = f(x)$。

如圖 0.1 所示，兩個不同的自變量 x_1 和 x_2，分別對應不同的應變量 y_1 和 y_2。不難想到，要表示 $y = f(x)$ 在 x_1 和 x_2 之間變化的快慢，只需將應變量的變化（$\Delta y = y_2 - y_1 = f(x_2) - f(x_1)$）除以自變量的變化（$\Delta x = x_2 - x_1$），即

$$\frac{\Delta y}{\Delta x} = \frac{y_2 - y_1}{x_2 - x_1} = \frac{f(x_2) - f(x_1)}{x_2 - x_1}$$

上式稱為函數 $y = f(x)$ 從 x_1 到 x_2 的平均變化率，也可寫成如下形式：

$$\frac{f(x_1 + \Delta x) - f(x_1)}{\Delta x}$$

可以看出，平均變化率在函數圖像中的意義為 x_1 和 x_2 對應的點 P_1 和 P_2 之間連線（函數的割線）的斜率。

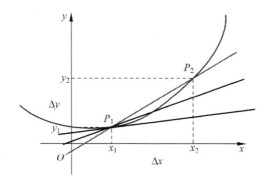

圖 0.1　函數斜率的逼近

例 0.1：平均變化率計算

對於一個一次線性函數 $y = f(x) = ax + b$，我們計算它在 $x = x_0$ 的平均變化率為

$$\frac{\Delta y}{\Delta x} = \frac{f(x_0 + \Delta x) - f(x_0)}{\Delta x} = a$$

在這個例子中，線性函數的平均變化率即是它的斜率。

上面所定義的平均變化率，是在 Δx 內對應函數 $y = f(x)$ 的變化速率。當 Δx 越小，不斷逼近 0，x_1 和 x_2 也會越來越近，直至幾乎變為同一點。在這種情況下，原先定義的平均變化率也漸漸變為 $y = f(x)$ 在 (x_1, y_1) 這一點處瞬間所具有的變化速度，稱為瞬時變化率，記作

$$\lim_{\Delta x \to 0} \frac{f(x_1 + \Delta x) - f(x_1)}{\Delta x}$$

極限符號 $\lim_{x \to c} f(x)$ 表示 x 趨於 c 時函數 $f(x)$ 的值。計算顯示，在 Δx 趨於 0 時，上式的值趨於一個定值，即為函數在這一點處的導數。

例如，在車輛行駛過程中，速度儀表板上的讀數代表行駛距離關於時間的函數 $s(t)$ 在這個時刻的導數，即我們常說的（瞬時）速率。

例 0.2：瞬時變化率計算

探究一個二次函數 $y = f(x) = x^2$ 在 $x = 1$ 附近的變化率，有

$$\frac{f(1 + \Delta x) - f(1)}{\Delta x} = \frac{(1 + \Delta x)^2 - 1^2}{\Delta x} = 2 + \Delta x$$

而當 Δx 趨於 0 時，不難看出，這個式子的值趨於一個定值 2，即

$$\lim_{\Delta x \to 0} \frac{f(1 + \Delta x) - f(1)}{\Delta x} = 2$$

基於上述介紹，可將導數以如下方式定義：

定義〔導數〕：假設函數 $y = f(x)$ 在某區間上的導數存在，則在

此區間上某點 $(x_1 , f(x_1))$ 處的導數定義為

$$f'(x_1) = \lim_{\Delta x \to 0} \frac{f(x_1 + \Delta x) - f(x_1)}{\Delta x}$$

此區間上所有點的導數，構成以 x 為自變量的函數，稱為導函數（有時也簡稱為導數），記為 $f'(x)$ $\left(\text{或 } y', \dfrac{\mathrm{d}y}{\mathrm{d}x}, \dfrac{\mathrm{d}f}{\mathrm{d}x}\right)$。尋找已知的函數在某點的導數或其導函數的過程稱為求導。

不難看出，當 Δx 趨於 0 時，點 $x_1 + \Delta x$ 與 x_1 無限接近，原本的割線變為函數圖像的切線。因此導數的幾何意義為函數 $y = f(x)$ 的圖像在點 $(x_1 , f(x_1))$ 處切線的斜率。

下面是一些常見的導數公式（讀者可以嘗試證明其正確性）：

$C' = 0$（C 為常數）；

$(x^\mu)' = \mu x^{\mu-1}$；

$(a^x)' = a^x \ln a$；

$(e^x)' = e^x$；

$(\log_a x)' = \dfrac{1}{x \ln a}$ ；

$(\ln x)' = \dfrac{1}{x}$ ；

$(\sin x)' = \cos x$ ；

$(\cos x)' = -\sin x$。

導數計算的主要性質如下（讀者可以嘗試證明其正確性）：

兩函數和差：$(u \pm v)' = u' \pm v'$，

兩函數積：$(uv)' = u'v + uv'$，

兩函數商：$\left(\dfrac{u}{v}\right)' = \dfrac{u'v - uv'}{v^2}$，

複合函數：$\{f[\varphi(x)]\}' = f'[\varphi(x)]\varphi'(x)$ 或 $\dfrac{\mathrm{d}y}{\mathrm{d}x} = \dfrac{\mathrm{d}y}{\mathrm{d}u} \cdot \dfrac{\mathrm{d}u}{\mathrm{d}x}$ （連鎖律）。

0.1.1.2　高階導數與偏微分

導數 $f'(x)$ 本身也可以視為自變量 x 的函數，因此可以在導數的基礎上再次求導，得到高階導數。例如二階導數：$y' = f'(x)$ 的導數為 $y = f(x)$ 的二階導數，記作 y''，或 $f''(x)$，$\dfrac{\mathrm{d}^2 y}{\mathrm{d}x^2}$。

舉個例子，用物體的位移對時間進行求導可以得到速度，速度是位移的一階導數；而速度可以對時間再求一次導數，得到加速度，這是一個用來衡量物體運動速度變化的物理量，因此加速度就是速度的一階導數。同時，加速度也可以視為是對位移求導之後再進行求導得到，所以加速度也是位移的二階導數。同理，可以再對加速度進行求導，得到所謂的加加速度。以此類推，可以透過不斷地求導得到函數的高階導數，$y = f(x)$ 的 n 階導數記為 $y^{(n)}$，或者 $f^{(n)}(x)$，$\dfrac{\mathrm{d}^n y}{\mathrm{d}x^n}$。

設函數 $y = f(x)$ 在 x_0 處的值為 $f(x_0)$。當 x_0 增加 1 個小量 Δx 時（即 $\Delta x \ll 1$，這裡符號「$\ll$」的意思是遠小於），$f(x_0 + \Delta x)$ 與 $f(x_0)$ 的關係可近似表達為

$$f(x_0 + \Delta x) \approx f(x_0) + f'(x_0)\Delta x + \frac{f''(x_0)}{2}\Delta x^2$$

特別地，當 $x_0 = 0$ 時，有

$$f(\Delta x) \approx f(0) + f'(0)\Delta x + \frac{f''(0)}{2}\Delta x^2$$

更一般地,有

$$f(x_0 + \Delta x) = f(x_0) + f'(x_0)\Delta x + \frac{f''(x_0)}{2!}\Delta x^2 + \frac{f'''(x_0)}{3!}\Delta x^3 + \cdots$$

這個展開式稱為泰勒展開,!是階乘符號,一個整數的階乘代表所有小於及等於該數的正整數的積,即 $n! = n\,(n-1)\,(n-2)\,\cdots 2 \times 1$。這裡可以嘗試給等式右邊對 Δx 求一次或兩次導數,然後令 $\Delta x = 0$,看看是什麼結果?以下是一些常用的展開公式 ($x \ll 1$),大多數情況下僅需一階展開。

(1) $(1+x)^n \approx 1 + nx + \frac{n(n-1)}{2}x^2$

(2) $e^x \approx 1 + x + \frac{x^2}{2}$

(3) $\sin x \approx x - \frac{x^3}{6}, \cos x \approx 1 - \frac{x^2}{2}$

(4) $\ln(1+x) \approx x - \frac{x^2}{2}, \ln(1-x) \approx -x - \frac{x^2}{2}$

上述討論的函數 $y = f\,(x)$ 均默認為只有 1 個變量 x 的一元函數。此時該函數的變化率即為它的導數。而對於變量大於 1 個的多元函數 $y = f\,(x_1, x_2, \cdots)$,研究它的變化率,同樣是個有意義的問題,例如植物的生長與所處環境的溫度、溼度、光照強度均有關係。該如何刻劃生長速度與不同因素的關係呢?以下我們將介紹偏微分。

在數學中,一個多變量函數的偏微分,是它關於其中一個變量的導數,而保持其他變量不變。偏微分的作用與價值在向量分析、微分幾何,及機器學習領域中受到廣泛認可。具體來說,函數 $z\,(x, y)$ 關於變量 x 的偏微分寫作或 $\partial z/\partial x$。此時將變量 y 視為常數,而只對變量 x 進行求導,函數 $z\,(x, y)$ 對 x 作偏微分可以在幾何上理解:$z\,(x, y)$ 可以

視為三維空間的曲面，給定 y 值，作一個垂直於 y 軸的平面，此平面與 z $(x$，$y)$ 的曲面相交得到的曲線斜率就是該偏微分值。如函數 $z = x^2 + 3xy + 2y^2$ 關於變量 x 和 y 的偏微分分別為

$$\frac{\partial z}{\partial x} = 2x + 3y$$

$$\frac{\partial z}{\partial y} = 3x + 4y$$

0.1.1.3　導數與函數極值

若一個函數 $y = f(x)$ 在 x_0 處的導數 $f'(x_0) = 0$，則函數圖像在該處的切線平行於 x 軸。不難看出，很多時候，該點處的函數值是附近區間中最大或最小的函數值（存在例外情況，見圖 0.2 (c)），此時我們稱 $y = f(x)$ 在 x_0 處有極大值或極小值。

可透過二階導數的正負判斷極大值或極小值（如圖 0.2 所示）：若 $f''(x_0) > 0$，則為極小值；若 $f''(x_0) < 0$，則為極大值；若 $f''(x_0) = 0$，則兩者皆可能，也可能兩者皆非，需分析更高階的導數。

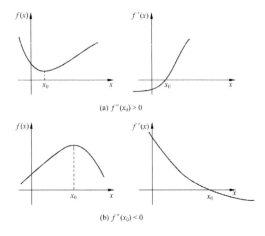

(a) $f''(x_0) > 0$

(b) $f''(x_0) < 0$

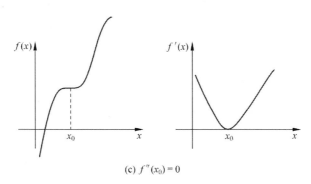

(c) $f''(x_0) = 0$

圖 0.2　不同取值的導數和函數極值的關係

0.1.2　機率論基礎

　　機率論是研究隨機現象數量規律的數學分支,是統計學、推論統計學和統計機器學習的基礎。在本節中,將簡單地介紹機率論的一些基本概念,並提及一些數學分析中的基本知識。

0.1.2.1　事件與機率

　　機率論研究的基本對象是隨機的、偶然的自然現象或社會現象,它與必然現象是相對的。然而,隨機現象本身的數量也有規律可循。其中一個著名的實驗為 Galton 板實驗,如圖 0.3 所示。這個實驗假設小球質量均勻,釘子光滑,因此小球從上端落下後,碰到哪一個釘子,均有很強的隨機性。如果進行一次實驗後,小球會落到下方某一個球槽中,那麼進行 n 次實驗後,不同球槽中出現的小球數量就會形成一個分布,我們將這個分布稱為頻率。當實驗的次數 n 趨於無窮大時,頻率的值便會趨於穩定。我們稱該極限為頻率的穩定值。

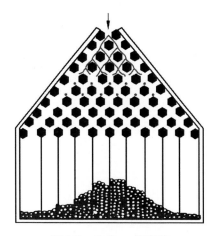

圖 0.3　Galton 板實驗

　　我們相信，每次實驗中小球落在每一個球槽的可能性是客觀存在的，因此可以對其進行度量。我們將存在客觀可能性的實驗過程稱為隨機實驗（stochastic experiment），並將前述頻率的穩定值作為可能性的度量指標，稱為機率。

　　為了更準確地對隨機實驗和機率進行描述，我們引入（隨機）事件的概念。所謂事件，可以粗略理解為隨機實驗的結果。在 Galton 板實驗中，小球落在第 i 個球槽就是一個事件，拋一枚硬幣結果朝上也是一個事件。隨機實驗裡最基本的、不能再分解的結果，叫基本事件。所有基本事件構成的合集記為 Ω。一個事件就是一些基本事件的合集，即 Ω 的一個子集。我們可以定義出所有可能事件構成的事件體 F 和事件的運算（並、交、逆）。嚴格的事件定義需要依賴集合論（$\sigma-$ 代數）中的概念，但在日常生活中，我們定義的事件集合基本滿足要求，因此不對其進行詳細介紹。對同一事件體中的事件 A 與 B，定義 $A \cup B$ 或 $A + B$ 為 A 與 B 的和事件；而 $A \cap B$ 或 AB 為積事件，並定義 $\varnothing$ 為不可能事件，Ω 為必然事件。如果 $AB = \varnothing$，則稱 A 事件與 B 事件互斥，或不相容。

機率的嚴格定義，是事件體 F 上定義的一個非負的、和為 1 的（規範的）、可列可加的實值（測度）函數；而模糊定義可以參見高中教科書。記 $P(A)$ 為事件 A 的機率。可列可加性是測度的基本要求。我們將觀測的對象 Ω、事件體 F 和機率 P 構成的 3 元體 (Ω, F, P) 稱為機率空間。對一般事件的機率計算，可以直接利用集合論的結論進行。

在日常生活中，以下 2 種基本事件的機率模型最為常見：古典的機率模型和幾何的機率模型。在古典機率模型中，基本事件是個數有限且等可能的機率模型，也是後面討論的重點。我們還有可能碰到一些情況，這時基本事件是連續分布的，事件空間 Ω 是一個連續空間。此時可以將 Ω 與一個幾何區域的面積連結起來，這樣的機率模型稱為幾何機率模型。例如，在 Galton 板實驗中，每一次小球碰釘子後，都有向左和向右落下這 2 種可能的結果，機率各為 1/2，因而是古典機率模型。而如果釘板有 n 層，那麼 Galton 板實驗不是古典機率模型（由於其不是等機率），但是其為 n 次連續古典機率模型實驗的結果。

在古典機率模型中，記空間為 $\Omega = \{\Omega_1, \Omega_2, \cdots, \Omega_N\}$，其中每個 Ω_i 為一個基本事件，其機率為 $P(\Omega_i) = 1/N$。而 F 由 Ω 的所有子集構成。如果 A 事件中包含 nA 個基本事件，那麼 $P(A) = n_A/N$。以下用紅色和綠色小球為例，說明古典機率模型的作用。

一個箱子裡有 a 個紅球，b 個綠球。那麼，對摸到每個球機率構成一個古典機率模型。具體來說，假設進行 n 次古典機率模型實驗，可以導出以下 2 種常見的機率模型。

（1）二項式機率模型（獨立重複古典機率模型實驗）

如果每次進行實驗之後放回摸出的小球，那麼 2 輪之間的結果相互獨立。摸出 k 次紅球的機率，可以透過簡單的排列組合方法得出：

$$p_k = C_n^k \left(\frac{a}{a+b} \right)^k \left(\frac{b}{a+b} \right)^{n-k}$$

稱 k 滿足的分布 $\left(k ; n , \dfrac{a}{a+b} \right)$ 為二項分布。這種放回式摸小球的機率模型，為二項機率模型。這裡 C_n^k 是組合數，定義為從 n 個元素中取出 k 個元素，k 個元素的組合數量，即 $C_n^k = n! / [k! (n-k)!]$。

（2）超幾何機率模型

如果每次進行實驗之後，不放回摸出的小球，那麼後一輪摸小球的結果會有所變化。此時，摸出 k 次紅球的機率可以透過古典機率模型計算得出：

$$p_k = \frac{C_a^k C_b^{n-k}}{C_{a+b}^n}$$

稱 k 滿足的分布為超幾何分布 $H (k ; n , a , a + b)$。這種不放回式摸小球的機率模型，為超幾何機率模型。

0.1.2.2　隨機變量與機率分布

隨機變量是可以隨機取不同值的變量，可以是離散或連續的。此處為了簡化討論，僅考慮離散型變量（連續型變量的討論將收在附錄中，感興趣的同學可自行查閱）。機率分布描述隨機變量取每個可能值的可能性大小，離散型變量的機率分布可用機率質量函數來描述。機率質量函數可以同時描述多個隨機變量，這種多變量的機率分布稱為聯合機率分布。例如 $P (X = x , Y = y)$ 表示 $X = x$，$Y = y$ 同時發生的機率，可簡寫為 $P (x , y)$。

為了豐富對樣本空間 Ω 的描述方法，可以引入實值函數對機率分布進行描述。設 (Ω , F , P) 為機率空間，X 為 Ω 上的實值函數，滿足對

任意的 $x \in R$，

$$P\ (X \leqslant x)\ : = P\ (\{\Omega : X\ (\Omega)\ \leqslant x\})$$

其中，$\{\Omega : X\ (\Omega)\ \leqslant x\} \in F$，那麼可以說 X 為空間 $(\Omega，F)$ 上的隨機變量，並且稱

$$F_X\ (x)\ : = P\ (X \leqslant x)\ ，x \in R$$

為 X 的分布函數。由以上定義可見，如果隨機變量給定，那麼分布函數是存在並且唯一的。

機率和分布函數具有以下關係：

$$P\ (a < X \leqslant b) = F_X\ (b)\ - F_X\ (a)\ ，P\ (X > x)\ = 1 - F_X\ (x)\ ，$$

$$P\ (X < x) = F_X\ (x - 0)\ ，P\ (X = x) = F_X\ (x)\ - F_X\ (x - 0)$$

其中 $P(x - 0)：= \lim\limits_{n \to \infty} \left(x - \dfrac{1}{n} \right)$，為 x 的左極限。

接下來，介紹條件機率與條件分布的概念。設 $A，B \in F$，且 $P\ (A) > 0$，記

$$P(B \mid A) = \frac{P(AB)}{P(A)}$$

為已知 A 事件發生的條件下，B 事件發生的條件機率。而 $P\ (AB) = P\ (A)\ P\ (B \mid A)$ 稱為條件機率的乘法公式，其可以拓展為以下的一般形式：

$$P\ (A_1 A_2 \cdots An) = P\ (A_1)\ P\ (A_2 \mid A_1)\ \cdots P\ (An \mid A_1 A_2 \cdots A_{n-1})$$

如果有一組有限多個或可列無窮個事件 $\{A_i，i = 1，2，\cdots\}$，滿足 $A_i \in F，P\ (A_i)\ \geqslant 0，i = 1，2，\cdots$，且 $\cup_i A_i = \Omega$，並有 $\{A_i\}$ 兩兩相斥，稱其為 Ω 的完備事件群。由機率的可加性和條件機率的乘法公式，可以得到以下的全機率公式：

$$P(B) = \sum_i P(A_i) P(B \mid A_i)$$

該公式提供了在已知 A 事件情況下，B 事件發生機率的計算方法。

由條件機率定義、乘法公式和全機率公式，可以得到

$$P(A_i \mid B) = \frac{P(A_i B)}{P(B)} = \frac{P(A_i) P(B \mid A_i)}{\sum_k P(A_k) P(B \mid A_k)}$$

這個公式叫逆機率公式或者貝氏定理，它是統計學和推論統計學的基礎。以下我們看一個例子。

例 0.3：已知在所有男子與女子中，分別有 5% 與 0.25% 的人患有色盲。假設男女比例為 1：1。現在隨機抽查一人，發現其患有色盲，計算其為男子的機率。

設變量 A 表示性別（0/1 分別對應男 / 女），B 表示是否色盲（0/1 為否 / 是色盲）。由條件有

$$P(B=1 \mid A=0) = 0.05，P(B=1 \mid A=1) = 0.0025$$

因為男女比例為 1：1，在隨機抽查的條件下，有 $P(A=0) = P(A=1) = 1/2$。這時，由貝氏定理得到

$$P(A=0 \mid B=1) = P(B=1 \mid A=0) \frac{P(A=0)}{P(B=1)}$$

$$= \frac{P(B=1 \mid A=0) P(A=0)}{\sum_i P(B=1 \mid A=i) P(A=i)} \approx 95\%$$

例 0.4（3 門問題）：有 3 扇關閉的門，其中一扇的後面有跑車，而另外 2 扇門後面則各藏有一隻山羊。參賽者需要從中選擇一扇門，如果參賽者選中後面有車的那扇門，就可以贏得這輛跑車。參賽者隨機選定一扇門，但未去開啟它時，節目主持人會開啟剩下 2 扇門的一扇，這扇門後是一隻山羊。這時參賽者是否應該維持他本來的選擇，還是轉而選擇剩下的那一道門？

這個問題乍看之下，似乎沒有換門的必要。現在用貝氏定理來看看結論是否如此。不妨假設參賽者選 1 號門，而主持人打開了 2 號門。記

隨機變量 $A = i$ 為第 i 扇門後面有汽車，由於隨機性，有 $P(A = i) = 1/3$，$i = 1$，2，3。

現在再定義隨機變量 B 為主持人是否打開 2 號門：如果主持人打開 2 號門，則 $B = 1$；否則 $B = 0$。這裡要注意，如果 2 號門的背後有跑車，主持人是不能打開該門的。根據 A 和 B 的定義得到

$$P(B = 1 \mid A = 1) = 0.5$$
$$P(B = 1 \mid A = 2) = 0$$
$$P(B = 1 \mid A = 3) = 1$$

第一個式子是因 $A = 1$（參賽者已經選對了），因此主持人可能選 2 號或 3 號門，且選 2 號門的可能性是 $1/2$；第 2 種情況不可能發生，因為主持人不能打開正確的門；而在第 3 種情況下，主持人只能打開 2 號門，所以 $B = 1$ 一定成立。於是有全機率公式

$$P(B = 1) = \sum_i P(B = 1 \mid A = i) P(A = i) = 0.5$$

那麼

$$P(A = 1 \mid B = 1) = P(B = 1 \mid A = 1) \frac{P(A = 1)}{P(B = 1)} = \frac{1}{3}$$

$$P(A = 2 \mid B = 1) = P(B = 1 \mid A = 2) \frac{P(A = 2)}{P(B = 1)} = 0$$

$$P(A = 3 \mid B = 1) = P(B = 1 \mid A = 3) \frac{P(A = 3)}{P(B = 1)} = \frac{2}{3}$$

所以參賽者應該改變想法，選 3 號門。

接下來，介紹事件的獨立性與條件變量的獨立性。對事件 A 與事件 B，若 $P(AB) = P(A) P(B)$，則稱它們相互獨立。拓展到多個事件的情況，稱事件 A_i，$i = 1$，2，$\cdots$，n 相互獨立，如果對其中任意 k 個事件均滿足

$$Pr(A_{i_1} A_{i_2} \cdots A_{i_k}) = Pr(A_{i_1}) Pr(A_{i_2}) \cdots Pr(A_{i_k})$$

對於隨機向量 $(X_1, X_2, \cdots, X_n)$，其不同變量分量相互獨立，且僅當其聯合分布函數 $F_X(x_1, x_2, \cdots, x_n)$ 滿足

$$F_X(x_1, x_2, \cdots, x_n) = \prod_{j=1}^{n} F_{X_j}(x_j)$$

0.1.2.3　期望值、變異數與共變異數

我們希望透過一些簡單的方法，來刻劃隨機變量的特點。常見的隨機變量特徵包括：數學期望值、變異數和共變異數。

數學期望值反映隨機變量的平均取值。離散隨機變量 X 的數學期望值定義為

$$E(X) = \sum_{k} p_k x_k$$

這裡 p_k 是變量 $X = x_k$ 的機率。

變異數反映隨機變量的漲落大小，其定義為

$$D\ (X) = Var\ (X) = E\ (X - E\ (X))^{\ 2}$$

共變異數反映隨機變量之間的關聯強度，其定義為

$$Cov\ (X，Y) = E\ [\ (X - E\ (X))\ (Y - E\ (Y))\ ]$$

0.1.3　矩陣

矩陣理論是一門研究矩陣在數學上的應用科目。矩陣理論原本是線性代數的一個分支，但由於其陸續在圖論、代數、組合數學和統計上得到應用，漸漸發展成為一門獨立的學科。本章主要介紹矩陣的一些簡單運算和分析方式。

具體來說，矩陣（matrix）是指將數字或其他定義了某些數學運算的數學算式（代數符號、表達式等）按列（row）和行（column）排布的數組。其中，構成矩陣的數字（或數學符號、表達式等）被稱為矩陣的元

素（entry），橫向的元素構成列，縱向的元素構成行 [1]。矩陣的大小由行、列的數量決定，例如下面的矩陣為一個 2×3 的矩陣：

$$\begin{pmatrix} 2 & -1 & 5.3 \\ -0.9 & 4 & 10 \end{pmatrix}$$

特別的，如果一個矩陣只有一列，則稱之為列向量（row vector）；只有一行元素的矩陣則稱為行向量（column vector）。上面的矩陣既可以視為是由 3 個 2×1 的行向量構成，也可以視為是由兩個 1×3 的列向量構成。當矩陣行列數相同時，又稱該矩陣為方陣（square matrix）。一個 n×n 的矩陣又被稱為 n 維方陣。

在表示上，通常用大寫字母表示矩陣，小寫字母表示矩陣元素。對矩陣元素可以用下標區分它們的位置。例如一個 m×n 的矩陣可以表示為

$$\mathbf{A} = \begin{pmatrix} a_{11} & a_{12} & \cdots & a_{1n} \\ a_{21} & a_{22} & \cdots & a_{2n} \\ \vdots & \vdots & \ddots & \vdots \\ a_{m1} & a_{m2} & \cdots & a_{mn} \end{pmatrix}$$

對於兩個同樣大小的矩陣，可以定義矩陣的加法（addition）。兩個矩陣的加法定義為相同位置的元素相加。以下是矩陣相加的例子：

$$\begin{pmatrix} 1 & 2 & 5 \\ 0 & -4 & 0 \end{pmatrix} + \begin{pmatrix} 3 & -1 & 4 \\ 8 & 2 & 1 \end{pmatrix} = \begin{pmatrix} 4 & 1 & 9 \\ 8 & -2 & 1 \end{pmatrix}$$

矩陣與一個數域中的數字還可以定義純量乘法（scalar multiplication）。矩陣與一個數字的純量乘法定義為矩陣中的每一個元素乘以該數字。以下是矩陣純量乘法的例子：

$$3 \cdot \begin{pmatrix} 1 & 2 & 5 \\ 0 & -4 & 0 \end{pmatrix} = \begin{pmatrix} 3 & 6 & 15 \\ 0 & -12 & 0 \end{pmatrix}$$

　　矩陣的另一個基本運算是轉置（transpose）。一個 $m \times n$ 的矩陣，轉置後變為 $n \times m$ 的矩陣。其中，原本處於第 i 行第 j 列的元素，在轉置操作後，變成新矩陣的第 j 行第 i 列的元素。對一個矩陣 A，轉置通常記為 A^T。以下是矩陣轉置的例子：

$$\begin{pmatrix} 2 & 3 & 5 \\ -6 & 10 & 0 \end{pmatrix}^T = \begin{pmatrix} 2 & -6 \\ 3 & 10 \\ 5 & 0 \end{pmatrix}$$

可以看出，矩陣進行 2 次轉置後，仍然為原矩陣，即 $(A^T)^T = A$。

　　矩陣之間也可以定義矩陣乘法（matrix multiplication）運算。如果矩陣 A 為 $m \times n$ 大小矩陣，矩陣 B 為 $n \times p$ 大小矩陣，那麼矩陣 AB 為 $m \times p$ 大小矩陣，其中元素為

$$(\boldsymbol{AB})_{ij} = \sum_{k=1}^{n} a_{ik} b_{kj} = a_{i1} b_{1j} + a_{i2} b_{2j} + \cdots + a_{in} b_{nj}$$

矩陣乘法滿足結合律

$$(AB)\ C = A\ (BC) = ABC$$

和左右分配律

$$(A + B)\ C = AB + BC$$

$$C\ (A + B) = CA + CB$$

這裡要注意，矩陣的乘法一般沒有交換律，即使乘法對 AB 和 BA 都有定義，通常

$$AB \neq BA$$

這一點可以從下面的簡單例子看出：

$$\begin{pmatrix} 1 & 3 \\ 0 & 2 \end{pmatrix} \begin{pmatrix} 0 & 0 \\ 1 & 0 \end{pmatrix} = \begin{pmatrix} 3 & 0 \\ 2 & 0 \end{pmatrix}$$

$$\begin{pmatrix} 0 & 0 \\ 1 & 0 \end{pmatrix} \begin{pmatrix} 1 & 3 \\ 0 & 2 \end{pmatrix} = \begin{pmatrix} 0 & 0 \\ 1 & 3 \end{pmatrix}$$

因此，矩陣乘法中需要明確相乘的順序。我們稱 AB 為 B 右乘 A，或 A 左乘 B。

向量的內積也可以用矩陣乘法表示。例如，兩個 n 維實向量 r，v 的內積，可以看作是列向量 r^{T} 與行向量 v 的矩陣乘法，即

$$(\boldsymbol{r}, \boldsymbol{v}) = \boldsymbol{r}^{\mathrm{T}} \cdot \boldsymbol{v} = (r_1 \quad r_2 \quad \cdots \quad r_n) \begin{pmatrix} v_1 \\ v_2 \\ \vdots \\ v_n \end{pmatrix} = \sum_{i=1}^{n} r_i \boldsymbol{v}_i$$

例 0.5：矩陣乘法的一個實際應用

假設有個施工，第 1 個月需要採購 a_1 噸水泥，b_1 噸木材；第 2 個月需要採購 a_2 噸水泥，b_2 噸木材。現在有兩個進貨管道，第 1 家的水泥單價為 m_1 元／噸，木材單價為 n_1 元／噸；第 2 家的水泥單價為 m_2 元／噸，木材單價為 n_2 元／噸。如果同一個月的建築材料都從同一家採購，那麼在兩個月內的所有消費可能性，可以用下面的矩陣表示：

$$\begin{pmatrix} m_1 & n_1 \\ m_2 & n_2 \end{pmatrix} \begin{pmatrix} a_1 & a_2 \\ b_1 & b_2 \end{pmatrix} = \begin{pmatrix} m_1 a_1 + n_1 b_1 & m_1 a_2 + n_1 b_2 \\ m_2 a_1 + n_2 b_1 & m_2 a_2 + n_2 b_2 \end{pmatrix}$$

等式左側第 1 個矩陣的每一列列出了一家供應商兩種建材的單價，第 2 個矩陣的每一行列出了一個月內對兩種建材的需求量，而兩個矩陣乘法運算的結果，則列出了所有消費的可能性，即第 i 列第 j 行元素表示了在第 j 個月從第 i 家供應商進貨的成本。

對任一 $m \times n$ 矩陣 A，當其右乘一個 $n \times p$ 大小的所有元素均為 0 的矩陣 0，結果總為一個 $m \times p$ 大小的所有元素均為 0 的矩陣。我們稱元素均為 0 的矩陣為零矩陣（zero matrix）。類似的，當一矩陣左乘零矩陣

時，結果為零矩陣。

　　對任一 $m \times n$ 矩陣 A，當其右乘一個 $n \times n$ 大小的，形如下面的矩陣 I

$$I = \begin{bmatrix} 1 & 0 & \cdots & 0 \\ 0 & 1 & \cdots & 0 \\ \vdots & \vdots & \ddots & \vdots \\ 0 & 0 & \cdots & 1 \end{bmatrix}$$

結果仍為 A。我們稱 I 為 n 階單位矩陣（identity matrix）。類似的，當 A 左乘一個 $m \times m$ 大小的單位矩陣時，結果同樣為 A。

　　對於 n 維方陣 A，定義其逆矩陣（inverse matrix）B，B 為另一個 n 維方陣，滿足

$$AB = BA = I$$

值得注意的是，逆矩陣不一定總存在（附錄有給出方陣存在逆矩陣的一個充要條件）。但如果存在，則稱 B 為方陣 A 的逆矩陣，記為 A^{-1}。

0.2　程式設計基礎

0.2.1　起步

　　一般來說，在電腦上的任務都是透過執行一系列預設的計算步驟來實現。其中，程式設計人員透過設計語言描述計算步驟[2]，而電腦機械地執行計算步驟，從而得到計算結果。用程式設計語言描述的計算步驟稱為程式，程式中的每個計算步驟被稱為指令。

　　Python 是目前比較流行的一門程式設計語言，其有語法語義直觀、支持交互式運行和腳本運行、支持的標準庫類型豐富等特性。Python 近年來被廣泛地應用於包括生產和科學研究在內的各種場景。本書的課程網站提供了相關的電子資料，請讀者到課程網站下載相應軟體，搭建練

習環境。作為起步，我們先打開 Python 的交互式運行界面，嘗試執行一些 Python 程式。

例 0.6：在螢幕輸出「hello, world!」

```
C:\Users\username\Desktop > python
>>> print("hello, world!")
hello, world!
```

在此例子中，python 表示進入 Python 的交互式運行界面；>>> 表示命令行可以接受指令；print（ ）是一條指令，指揮電腦在螢幕輸出其括號裡的內容；而在「hello, world!」中，雙引號表示這個整體是一個字符串（而不是程式），引號內是這個字符串的內容。程式運行結果在下一行，我們看到螢幕上輸出了「hello, world!」[3]。

例 0.7：1 至 5 求和

```
>>> 1 + 2 + 3 + 4 + 5
15
```

這裡將 Python 當成計算機使用，先採用和式 1 ＋ 2 ＋ 3 ＋ 4 ＋ 5 來求和，可見 Python 能夠計算該表達式的值，並輸出結果。

以下，看一個輾轉相除的例子。輾轉相除的算法描述如下：用兩個數中較大的數除以較小的數，得到餘數，如果餘數為 0，那麼除數為最大公約數，如果餘數不為 0，那麼取除數和餘數，重複上述過程。

例 0.8：輾轉相除法求 91 和 105 最大公約數

```
>>> 105 % 91
14
>>> 91 % 14
7
>>> 14 % 7
0
```

在本例中，程式運行如下：105% 91 得到 14，其中，%表示整數相除並取餘數為結果，105 除以 91，餘數為 14（商為 1）。餘數不為 0，所以，重複上面步驟，91% 14 得到 7；餘數 7 仍然不為 0，重複計算步驟，14% 7 得到 0，此時餘數為 0，那麼最大公約數為此時的除數 7。

0.2.2　值的類型和算術運算

Python 每個計算步驟中的值是有類型的。在此前的例子中，「hello, world!」的類型是字符串；而「1 ＋ 2」中 1 和 2 的類型是整數。在算術運算中，Python 中的數值類型有整數和浮點數。浮點數包括整數和一定精度內的有限小數。常用的算術運算包括加、減、乘、除、乘方、開平方、取模等，它們的符號叫算術運算符號（例如＋，－，*，/，等）。

```
例 0.9：浮點數加減乘除

>>> 1.5 + 2.1
3.6
>>> 1.5 - 2.1
 - 0.6000000000000001
>>> 1.5 * 2.1
3.1500000000000004
>>> 1.5/2.1


0.7142857142857143
>>> 1.5//2.1
0.0
```

這裡計算了 1.5 與 2.1 的加、減、乘、除。在乘法中，由於電腦內部 2 進制表示的問題，無法精準得到 3.15，而有一定誤差，但這種誤差通常比較小（本例中為 10^{-15}），不影響使用。另外，「//」的結果是保留商的整數部分。

不同類型的值之間可以透過 Python 內置的類型轉化函數實現相互轉

化。從低精度的類型轉化為高精度的類型，數值不會損失精度；但一個值從高精度類型轉化為低精度類型，則可能需要截取低精度部分並捨棄高精度部分。例如，int（）會將浮點數的整數部分返回並捨棄小數部分。

```
例 0.10：類型轉換

>>> int(1.5)
1
>>> int( - 1.5)
 - 1
>>> float('1.6')
1.6
>>> float( - 2)
 - 2.0
>>> str(123)
'123'
>>> str(1.23)
'1.23'
```

0.2.3　變量、表達式、賦值

在程式設計語言中，我們用一個標籤指代一個值，並將標籤稱為變量。變量可以理解為一個名字，該名字代表一個值。變量有命名規則，請參考附錄。單獨的變量、單獨的值或者用運算符號連接的變量和值稱為表達式。表達式有算術表達式、關係表達式、布林表達式等，請參考附錄。計算表達式的值時，Python 用變量的值替換它的出現，進行計算。一個表達式中可能由多個運算符號連接多個值或變量，此時，計算表達式的值，需要按照運算符號之間的優先順序來進行。在常見的算術表達式中，小括號優先級最高，然後依次是乘方和開平方、乘除和取模、加減法。

變量的更新是透過賦值語句完成的。賦值語句由左值、賦值運算符

號和右值組成：左值必須是一個變量，賦值運算符號是「＝」，右值是一個表達式。Python 運行中遇到賦值語句，會先計算右值表達式的值，再將左值變量的值更新為表達式的值 [4]。

```
例 0.11：變量賦值與計算

>>> a = 1
>>> b = a + 2
>>> print(a)
1
>>> print(b)
3
>>> c
Traceback (most recent call last):
    File "< stdin >", line 1, in < module >
NameError: name 'c' is not defined
>>> print(d)
Traceback (most recent call last):
    File "< stdin >", line 1, in < module >
NameError: name 'd' is not defined
```

在例 0.11 中，$a = 1$ 為賦值語句，其作用是將 1 賦值給 a；賦值表達式 $b = a + 2$ 中，a 的值為 1，$a + 2$ 的計算結果被賦值給變量 b；最後影印 a, b 的結果輸出其值。一個變量在 Python 程式中第一次出現時必須賦值，也叫變量的聲明（反例見第 7 行，程式錯誤，無法執行）。表達式中不允許使用未加聲明的變量（反例見第 11 行，程式錯誤，無法執行）。

```
例 0.12：用變量 1 ～ 5 求和

>>> a = 1 + 2
>>> a = a + 3
>>> a = a + 4
>>> a = a + 5
>>> print(a)
15
```

用變量 a 代表「中間結果」。先用 a 來儲存 $1+2$ 的中間結果（$a = 1+2$），然後在變量 a 上逐個疊加每個加數。$a = a+3$ 中，右值表達式 $a+3$ 中 a 的值（3）被用於計算，計算結果 6 被賦值給左值變量 a。以此類推，Python 計算 $a = a+4$，$a = a+5$。最後透過 print（）來輸出最終 a 儲存的值，輸出結果為 15。

對比例 0.7 和例 0.12，在交互式計算中，我們輸入表達式後得到結果，並用於下一步計算，這種計算方式叫交互式計算；使用變量後，無需等待計算結果，而是可以用含有變量的指令描述每一個計算步驟，然後交給 Python 一次執行。減少程式設計人員的互動參與，可以大大提高程式設計與計算的效率。因此，在本節之後，將引入 Python 的腳本執行：即先將整個計算流程描述為程式，再執行整個程式得到結果。

例 0.13：$1 \sim 5$ 求和的腳本執行

```
a = 1 + 2
a = a + 3
a = a + 4
a = a + 5
print(a)
C:\Users\username\Desktop > python sum.py
15
```

在本例中，sum.py 包含了前 5 行的代碼。首先用 cat 命令展示了腳本內容，然後透過 python sum.py 來執行腳本，最後程式結果輸出到螢幕上。

在下面的介紹中，默認用 example.py 表示編寫好的腳本代碼。

0.2.4　控制流

在例 0.12 中，所有賦值語句按照行號從小到大依次排列，Python 在

執行過程中，也按照相同的順序來執行，稱作順序執行。但是，在一些場景和程式中，我們希望表達非順序執行的語義。例如，在例 0.8 的輾轉相除中，我們想表達「如果餘數為 0，則除數為最大公約數；否則，取除數和餘數繼續相除」。Python 提供了分支和循環 2 種語句來表達非順序執行的語義。

在這 2 種結構中，需要表達「某條件為真 / 假」。這種有真假值的條件是透過布林表達式來完成的。布林表達式可以是簡單的關係表達式，例如大於（＞）、小於（＜）、隸屬於（in）等，也可以是關係表達式的邏輯組合，例如與（and）、或（or）、非（not）等；每一個布林表達式的值必定是真（True）或者假（False）。其定義見附錄。

分支語句允許程式非順序執行，其代碼結構如圖 0.4 所示。程式中的關鍵詞為 if、else 和：（英文冒號）。第一行「if 布林表達式：」為 if 頭部。其語義是如果布林表達式為真（條件成立），則執行代碼塊 A；否則，執行代碼塊 B。其中代碼塊 A 和代碼塊 B 均為子程式，其結構與一段程式相同。

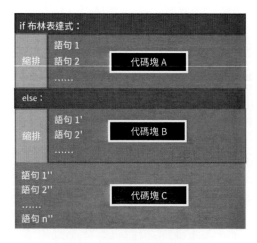

圖 0.4　條件分支程式結構

　　注意，圖 0.4 中還有一段代碼塊 C，C 不同於代碼塊 A 和 B。兩者形式上的不同在於，代碼塊 A 和 B 以空白符號（空格或製表符）開頭，起始位置較 if、else 和代碼塊 C 往後，這種格式稱為縮排；而代碼塊 C 與 if 和 else 起始位置相同。縮排的意義在於描述程式的邏輯結構，圖中程式表示「如果條件成立執行 A，條件不成立執行 B；然後執行 C」。如果 C 部分的縮排與 B 相同（或者假設 Python 沒有縮排），那麼運行時，電腦無法將上述邏輯與「條件成立時執行 A，條件不成立時執行 B 和 C」區分開來。

例 0.14：分支語句（判斷整除、賦值、縮排）

```
divisor = 91
dividend = 105
remainder = dividend % divisor
if remainder == 0:
    print(dividend)
else:
    divisor = dividend
    dividend = remainder
    print(divisor, dividend)
C:\Users\username\Desktop> python example.py
105 14
```

　　第 9 行 print（）內有兩個變量，print 允許輸入多個表達式，並用逗號隔開，運行時它們會被逐個影印到螢幕上，相鄰結果之間用一個空格隔離。

　　如果需要表達「當判斷條件不成立時無需執行任何動作」，那麼 else 及其 else 分支可以省略。如果需要連續進行判斷，則可以透過使用 elif 來簡化程式結構的寫法。例如，「如果條件 1 成立，執行 A；否則，如果條件 2 成立，執行 B；否則，如果條件 3 成立，執行 C；否則，執行 D」可被表達為圖 0.5 中的結構。

圖 0.5　多層條件分支程式結構

　　循環語句有 2 種表達方法：while 循環和 for 循環，它們均由循環頭部和循環體組成。在循環體執行結束後，程式會跳轉到循環頭部再次執行。圖 0.6 展示了 while 循環，當代碼執行到循環頭部時，先判斷條件語句 A 是否成立：如果成立，則執行循環體代碼 B；否則，將跳過循環體執行之後的代碼 C。如果代碼塊 B 得到執行，那麼執行結束後，程式會再次跳轉到 while 頭部，判斷條件 A 是否成立，並依此決定執行 B 或者跳過 B 執行 C。

圖 0.6　while 循環程式結構

例 0.15：while 循環，1 ～ 5 求和

```
sum = 0
i = 1
while i < = 5:
        sum += i
        i += 1
print(sum)
C:\Users\username\Desktop > python example.py
15
```

在此段程式中，用變量 sum 儲存中間結果，並在累加結束後作為最終結果輸出；用 i 代表每一個加數。進入循環之前，將 sum 初始化為 0，i 初始為 1。循環的執行條件是 $i < 6$（或者等價的 $i <= 5$）。程式第一次執行到 while 頭部時，$i < 6$ 條件成立，循環體被執行，sum $+= i$（即 sum $=$ sum $+ i$）將 1 累加到 sum 上，$i += 1$ 使 i 增加 1 成為 2。然後，程式跳回到循環頭部再次執行，如果條件成立，sum 累加 i，i 遞增 1。如此反覆 5 次之後，i 的值成為 6，跳回到循環頭部，條件不再成立，循環體被跳過，執行之後的程式，輸出此時的 sum 值為 15。

for 循環的結構如圖 0.7 所示，由 for 頭部和循環體組成。for 頭部的關鍵詞是 for 和 in 並跟隨：（英文冒號），有一個單體變量 i 和一個容器類的變量 C。一個容器類的變量內部可以含有多個單體變量。容器類的變量包括列表、元組、詞典、集合等，將在附錄中介紹。本節的介紹僅考慮使用列表。for 循環的語義是，每輪從容器 C 中取一個變量，賦值給變量 i（各輪次之間選不同的變量），然後執行循環體 B；當 B 執行完畢後，返回到 for 頭部，進入下一輪次（即從容器中選取下一個變量執行循環體）。每一輪次中 i 可以在循環體中使用。

圖 0.7　for 循環程式結構

例 0.16：for 循環求 1 ～ 5 的和

```
sum = 0
for i in [1, 2, 3, 4, 5]:
    sum += i
print(sum)
C:\Users\username\Desktop > python example.py
15
```

　　在此例中，用變量 i[5] 來遍歷容器 $[1，2，3，4，5]$。這裡的容器是一個列表（list，用中括號封裝若干個單體的元素，在附錄中有詳細介紹）。每一輪次中，i 分別取值 1，2，3，4，5，並被累加到 sum 上。容器遍歷結束後，程式影印輸出結果 sum。

　　我們引入 range（）函數[6] 來簡化生成列表容器的過程。具體來說，可以用 range（start，end，step）生成一個列表[7]，當 start 小於 end 時，生成規則如下：從 start 開始，列表添加 start，添加 start ＋ step，添加 start ＋ 2×step，如此重複至添加最後一個值為 start ＋ n×step 且小於 end 的值。

例 0.17：1 ～ 100 求和（for 循環、range（）函數）

```
sum = 0
for i in range(1, 101):
    sum += i
print(sum)
C:\Users\username\Desktop > python example.py
5050
```

在此例中，用 range（ ）直接生成了 1 ～ 100 的列表，再用 for 循環求和。用 range（ ）生成列表與程式設計人員手寫 1 ～ 100 的列表相比，大大提高程式設計效率。這裡補充幾點 range（ ）函數的使用技巧：step 如果不填寫，那麼默認為 1；如果 step 大於 end，且 step 為負數，那麼將按照遞減的順序生成列表；其他情況，都會生成空列表［ ］。

在一個循環結構中，可在循環體中使用 break 指令提前終止循環。在循環體執行過程中，遇到 break 時，會直接忽略循環體中 break 之後的代碼，跳轉到循環結構之後的代碼繼續執行。

```
例 0.18：輾轉相除

d1 = 105
d2 = 91
while True:
    r = d1 % d2
    if r == 0:
        print(d2)
        break
    else:
        d1 = d2
        d2 = r

C:\Users\username\Desktop > python example.py
7
```

這是一個完整的輾轉相除程式。注意，while 循環的條件是 True，意味著程式執行到這裡，一定會執行循環體，只能靠循環體內部的 break 來跳出循環體。此例中，可以看到分支、循環這種程式結構可以相互嵌套，表達更豐富的語義。在這種嵌套中，也需保持同一層次的子結構縮排長度相同（即內部 if 頭部和 while 循環體縮排相同），子結構內部保持自己的縮排規則（即 if 結構中的 break 比 if 頭部要縮排一段長度）。如

果某些循環邏輯不正確，無法跳出循環體（循環頭部條件永遠為真且循環體內無法執行 break），那麼就構成一個死循環，導致程式無窮盡的運行下去，不能停機。

在一個循環結構中，可以在循環體使用 continue 結束該次循環，並進入下一次循環。在循環體執行遇到 continue 時，循環體內 continue 之後的代碼不會被運行，但是程式會跳轉到循環頭部繼續執行：while 循環會再次判斷條件是否成立並決定執行或者跳過循環體，for 循環會繼續去容器內下一個元素執行循環體。

例 0.19：求 1 ～ 100 中，所有奇數的和

```
sum = 0
for i in range(1, 101):
    if i % 2 == 0:
        continue
    sum += i
print(sum)
C:\Users\username\Desktop > python example.py
2500
```

0.2.5　函數

與大部分高階程式設計語言相同，Python 允許程式設計者定義函數。函數的作用是封裝一部分重複邏輯，在程式中透過調用函數名來重複使用該邏輯。這樣做既可以避免重複編寫該邏輯，也能讓程式結構更加清晰。

函數的結構如圖 0.8 所示，其中，函數頭用關鍵詞 def 定義函數的名稱和輸入（函數可以沒有輸入）；函數體封裝一部分代碼，稱為函數體，函數體比函數頭要縮排一個單位。函數的輸入稱作形式參數（簡稱形參），函數體描述處理形式參數的邏輯；函數可以設置輸出（也可以

沒有輸出），稱作返回值，用關鍵詞 return 來描述。

　　函數定義之後並不被執行，而是透過在程式中調用來執行。調用者調用一個函數（也稱被調用者）需要描述函數名，並用表達式（包括值、變量和它們的組合）替換函數定義中的形式參數。在這個過程中，輸入函數的表達式被稱作實際參數（簡稱實參）。在執行過程中，Python會用實際參數替換形式參數，並執行函數體內部的邏輯。函數體是一段程式，其執行邏輯與此前所述的順序執行、分支循環無異。當被調用者函數體執行完畢後，會跳轉到調用者函數調用指令之後的相鄰指令，繼續執行。實參的傳遞方式有 2 種，請參考附錄。

圖 0.8　函數結構

　　函數體的執行過程中可能會遇到 return 關鍵詞。如果 return 之後沒有表達式，那麼電腦會立即終止函數執行，跳出函數，回到函數調用指令之後的相鄰指令繼續執行。如果 return 之後有表達式，那麼電腦會先計算表達式的值作為返回值，然後終止函數執行，跳出函數。此時，調用者可以繼續執行下一條單獨的指令，也可以把函數調用整體作為表達式去組合更複雜的表達式或指令（例如：賦值、關係表達式、算術表達式等）。在後者，函數的返回值將用於替換函數調用位置並參與複雜表達式或指令的運算。

　　函數調用並不罕見。例如在例 0.6 中，使用 print（）向螢幕影印字符串。這是一個已經 Python 內置的函數，其函數體邏輯是接收括號內的字符串，並向顯示器設備發送消息，使顯示器在相應位置排布像素點組

成字符串的視覺展示。常見的運算符也可以理解為一個函數,例如,加法就是一個接收兩個參數、並輸出它們和的函數。下面是一個定義和調用函數的例子。

例 0.20:一些函數定義和調用 Add,IsOdd 函數

```
def Add(a, b):
    return a + b
def IsOdd(n):
    return n % 2 == 1
s = Add(100, 222)
print(s)
print(IsOdd(32))
print(IsOdd(13))
C:\Users\username\Desktop > python example.py
322
False
True
```

在下例中,不需要寫 3 遍輾轉相除的代碼,而是寫 1 遍,封裝為函數後,調用 3 次,實現 3 次計算。

例 0.21:求 3 對數的最大公約數 (91,105),(118,13),(36,192)

```
def gcd(d1, d2):
    while True:
        r = d1 % d2
        if r == 0:
            return d2
        else:
            d1 = d2
            d2 = r
print(gcd(91, 105))
print(gcd(118, 13))

print(gcd(36, 192))
```

```
C:\Users\username\Desktop > python example.py
7
1
12
```

前文提到，在函數調用中會用實參替代函數定義中的形參，並在執行過程中用實參進行計算。這裡存在一個問題：如果函數體內有指令對形參進行修改（賦值等），那麼函數調用過程中，實參對應的變量是否也會被修改呢？答案是要根據實參變量的類型分情況討論。在本章中，整數和浮點數做實參時，均不會被修改。附錄中的複雜類型允許被一個函數修改，但是不會被賦值。

在一段程式中，一個變量並不是在任何地方都可以被使用，它可以被使用的範圍稱作該變量的命名空間。基本原則如下：一個函數內聲明的變量僅可以在函數之內使用，稱為局部變量；函數外聲明的變量既可以在函數內使用，也可以在函數外使用，稱為全局變量。當函數內需要使用全局變量時，需要在使用前用「global 變量名」來聲明該變量。

全局變量可以在程式中的任何位置使用（如果此前沒有過聲明，則會創建新的全局變量）；如果此前在別處已有聲明，則 2 處聲明指代同一個變量（各處的修改和讀取相互影響）。如果函數內的局部變量與一個全局變量重名（未用「global」聲明），函數內的變量是不同於全局變量的另外一個變量。實際上，Python 允許函數定義內嵌套另外的函數定義，此時變量命名空間的原則是內層函數可以使用外層函數中聲明的變量，本書中不加以詳細闡述。

例 0.22：變量命名空間示例

```
var1 = 0

def foo1():
    global var1
    var1 += 100
def foo2():
    global var1
    var1 = 500
def foo3():
    var1 = 100
def foo4():
    var1 += 200
foo1()
print(var1)
foo2()
print(var1)
foo3()
print(var1)
foo4()
print(var1)

C:\Users\username\Desktop > python example.py
100
500
500
Traceback (most recent call last):
  File "example.py", line 20, in < module >
    foo4()
  File "example.py", line 12, in foo4
    var1 += 200
UnboundLocalError: local variable 'var1' referenced before assignment
```

　　一個函數的函數體內可以調用自己本身，這稱為遞歸調用。遞歸函數可以用於表達「先進行某項操作，再對結果重複相同的操作」這樣的語義。例如，例 0.23 中，在某次計算結束獲得商和餘數後，「對除數和商重複進行除法計算，並判斷餘數是否為零」這一語義就可以透過遞歸

調用函數本身來實現。遞歸調用也是函數的一種，函數實際參數的修改原則與上文所述的針對函數的修改規則相同。

例 0.23：求用遞歸函數求最大公約數

```python
def gcd(d1, d2):
    r = d1 % d2
    if r == 0:
        return d2
    return gcd(d1, r)
print(gcd(91, 105))
print(gcd(118, 13))
print(gcd(36, 192))
```

```
C:\Users\username\Desktop > python example.py
91
1
36
```

為了結構清晰，實際程式往往由多個檔案構成，檔案之間程式的相互引用和調用，透過關鍵詞 import 實現。被引用的程式也稱作模組。如下例中，「import module1」表示引入 module1 中的所有變量和函數。調用者透過 module1.foo1 ( ) 和 module1.var1 來使用模組中的函數和變量。另外，「from module2 import foo2」表示從模組 module1 中引入函數 foo2（變量也用相同的方式引用 [8]）。調用者可以更簡化地透過 foo2 ( ) 來使用該函數；而「from module3 import*」則將 module3 中的所有變量和函數引入到被調用者，並可透過簡化方式 foo3 ( ) 來使用 [9]。

例 0.24：模組的定義和調用

```python
檔案 1 为 module1.py
def foo1():
    print("This is foo1 in module1")
var1 = 100
檔案 2 为 module2.py
```

```
def foo2():
    print("This is foo2 in module2")
var2 = 200
    3 为 module3.py
def foo3():
    print("This is foo3 in module3")
var3 = 300
主檔案為 example.py
import module1
from module2 import foo2
from module3 import *

module1.foo1()
print(module1.var1)
foo2()
foo3()
print(var3)
```

除了允許使用者自己編寫模組之外，Python 內置了若干模組，使用者可以直接調用來輔助計算 [10]，例如第 0.2.2 節中的類型轉換函數就是 Python 內置函數。同時，整個 Python 社區也貢獻了種類豐富的第 3 方模組，安裝後便可調用。這些封裝好供程式設計人員直接使用的模組也叫庫。本節中將展示部分 math 庫函數 [11]。

例 0.25：內置標準庫：求絕對值、最大值、最小值、和
```
print("abs(-2)", abs(-2))
print("max(1,2,3)", max(1,2,3))
print("min(5,6,7)", min(5,6,7))
print("sum([1,2,3,4,5])", sum([1,2,3,4,5]))


C:\Users\username\Desktop> python example.py
abs(-2) 2

max(1,2,3) 3
min(5,6,7) 5
sum([1,2,3,4,5]) 15
```

例 0.26：math 庫舉例：求最大公約數、平方根、指數、對數、正弦值

```
import math
print("math.gcd(91, 105)", math.gcd(91, 105))
print("math.sqrt(2)", math.sqrt(2))
print("math.e", math.e)
print("math.exp(2)", math.exp(2))
print("math.log(25, 5)", math.log(25, 5))
print("math.log10(100)", math.log10(100))
print("math.pi", math.pi)
print("math.sin(0.5 * math.pi)", math.sin(0.5 * math.pi))
C:\Users\username\Desktop> python example.py
math.gcd(91, 105) 7
math.sqrt(2) 1.4142135623730951
math.e 2.718281828459045
math.exp(2) 7.38905609893065
math.log(25, 5) 2.0
math.log10(100) 2.0
math.pi 3.141592653589793
math.sin(0.5 * math.pi) 1.0
```

0.2.6　輸入輸出

在程式設計中，將數據和程式分開是一個好習慣（也稱解耦合），有助於改善程式結構和可讀性，且有助於運行時除錯。程式與數據解耦合則要求在程式運行過程中動態地加載數據，加載數據的接口被稱為輸入輸出函數。下面將介紹 2 種輸入輸出方式 —— 控制臺輸入輸出與檔案輸入輸出。

控制臺輸入指透過鍵盤輸入，控制臺輸出指透過顯示器輸出。前文中介紹的 print（）函數即是透過螢幕輸出。print（）函數輸出一個字符串。如果類型不是字符串，Python 內部會調用 str（）函數進行格式轉換，如果 str（）不支持該類型轉換，程式會報錯。

　　透過鍵盤輸入使用 input（）函數，函數參數中可以有一個字符串
來提示輸入內容（也可以沒有），函數返回值是一個字符串。運行時，
參數的字符串影印到螢幕上，用戶輸入內容；當用戶輸入回車符號時，
input（）函數返回用戶輸入內容（不包括回車符號），程式繼續執行。
因此，input（）通常被賦值給一個變量來接受返回值。

例 0.27：輾轉相除（控制臺輸入）

```
from math import gcd
s1 = input("Input 1st number: ")
s2 = input("Input 2nd number: ")
n1 = int(s1)
n2 = int(s2)
print("GCD is ", gcd(n1, n2))
s1 = input("Input 1st number: ")
s2 = input("Input 2nd number: ")
n1 = int(s1)
n2 = int(s2)
print("GCD is ", gcd(n1, n2))
s1 = input("Input 1st number: ")
s2 = input("Input 2nd number: ")
n1 = int(s1)
n2 = int(s2)
print("GCD is ", gcd(n1, n2))

C:\Users\username\Desktop > python example.py
Input 1st number: 91
Input 2nd number: 105
GCDis  7
Input 1st number: 118
Input 2nd number: 13
GCDis  1
Input 1st number: 36
Input 2nd number: 192
GCDis  12
```

　　電腦中的檔案分為文字檔案和 2 進制檔案。文字檔案使用人可讀的
字符編碼（例如 ASCII 碼），可用編輯器打開進行編輯；2 進制檔案用 0

和 1 進行編碼，一般用於電腦儲存數據和運行程式（例如可執行檔案、圖片、影片等）。2 進制檔案由於編碼方式更有效率，在相同訊息量的情況下，2 進制檔案占用的儲存空間更小一些，但通常不是人可讀的。在本書中，讀者編寫的程式是文字檔案（電腦會將其轉化成 2 進制的形式進行運行），圖片數據是 2 進制檔案，自然語言數據使用文字檔案存取。

本節中，將以文字檔案的讀寫為例，介紹檔案的輸入輸出。檔案在讀寫之前，需要先打開，並產生一個檔案描述符。檔案描述符用一個變量儲存，對檔案的讀寫操作透過檔案描述符進行。打開檔案並返回檔案描述符的方式，是調用 fd = open（檔案名，模式），其中 fd 儲存了檔案描述符，open 中的檔案名是一個字符串，用來表示需要被打開的檔案[12]，模式參數也是一個字符串，用來描述檔案打開後進行的操作。文字檔案打開後的操作分讀取、寫入和追加，對應的參數是「r」「w」和「a」[13]。檔案打開並進行操作之後，需要關閉。這一步透過調用檔案描述符的一個函數 close（）完成。

例 0.28 是一個檔案寫入的例子。該程式先打開一個名為 hello.txt 的檔案；再調用 fd.write 函數寫入一個字符串「hello, world!」；最後調用 fd.close（）關閉檔案描述符[14]。open 中的模式「w」表示覆蓋式的寫入，例 0.28 中的檔案第 2 次被打開後再寫入，則會覆蓋檔案原本的內容。

例 0.28：檔案寫入

```
fd = open("hello.txt", "w")
fd.write("hello, world!")
fd.close()
C:\Users\username\Desktop> python example.py

C:\Users\username\Desktop> cat hello.txt
hello, world!
```

下面是一個檔案追加的例子，程式打開時使用「a」模式，再調用 fd.write 會在檔案尾部添加新內容。

例 0.29：檔案追加

```
C:\Users\username\Desktop > cat hello.txt
hello, world!

fd = open("hello.txt", "a")
fd.write("\nhello, world!")
fd.close()
C:\Users\username\Desktop > cat hello.txt
hello, world!
hello, world!
```

文字檔案的讀取有多種方式。下例中，將透過「r」模式打開一個檔案。此時調用 fd.read（）會將所有檔案內容讀出，並以一個字符串的形式返回；調用 fd.readlines（）會將檔案所有內容讀出，以一個列表形式返回，列表中每一個元素依次為檔案中每一行（以檔案中的回車符號分行，且列表中的元素包含行尾的回車）；檔案打開後，fd 內部隱含一個檔案指針，指向一個當前位置[15]；調用 fd.readline（）則會返回當前指針之後的一行（以回車結尾，返回值中包含回車），同時，指針向後移至下一行起始位置；再次調用 fd.readline（）則會返回下一行內容，readline 常和循環語句一起使用，用於逐行處理檔案。

例 0.30：檔案讀取

```
C:\Users\username\Desktop > cat hello.txt
hello, world!
hello, world!
fd = open("hello.txt", "r")
lines = fd.readlines()
fd.close()
print(lines)
```

```
print(" ================== ")

fd = open("hello.txt", "r")
content = fd.read()
print(content)
fd.close()
print(" ================== ")

fd = open("hello.txt", "r")
while True:
    line = fd.readline()
    if line == None or line == "":
        break
    print("one line:", line)
fd.close()

C:\Users\username\Desktop > python example.py
['hello, world!\n', 'hello, world!']
==================
hello, world!
hello, world!
==================
one line: hello, world!

one line: hello, world!
```

　　用「w」「a」和「r」模式打開檔案時，如果檔案不存在，那麼程式會報錯。此時，對於「w」和「a」模式，有一個補救方法：採用「w＋」和「a＋」。這樣在打開檔案時，如果檔案不存在，程式會創建一個以 open 中檔案名命名的新檔案，並進行後續操作，而不會報錯[16]。

　　我們引入兩個簡化程式設計的技巧 —— with 開關檔案和 for 循環檔案。在例 0.31 中，用關鍵詞 with 打開檔案，並進行操作，with 後續的子結構需要比 with 縮排一級。使用 with 打開檔案時，如果打開方式有錯誤（例如，用「w」模式打開不存在的檔案），則會整體跳過 with 結構；在 with 結構運行完畢後，Python 會自動調用 close（）函數關閉檔案描述

符。在下例中，使用 for 循環讀取 fd 內部的每一行，這相當於「for line in fd.readlines（）：」。

例 0.31：使用 with 簡化檔案讀寫

```
with open("hello.txt", 'r') as fd:
    for line in fd:
        print("one line:", line)
C:\Users\username\Desktop > python example.py
one line: hello, world!

one line: hello, world!
```

練習題

1. 求下列函數的導數

(1) $y = \sin^2 x$；

(2) $y = \arcsin(\sin x)$；

(3) $y = \ln \tan \dfrac{x}{2} - \cos x \cdot \ln(\tan x)$；

(4) $y = x^1/x$；

(5) $y = \ln(e^x + \sqrt{1 + e^{2x}})$。

2. 計算下列三角函數的近似值

(1) $\cos 29°$；

(2) $\tan 136°$。

3. 如圖所示的電纜 AOB 的長度為 s，跨度為 $2l$，電纜的最低點 O 與桿頂連線 AB 的距離為 f，則電纜的長度可按下列公式計算

$$s = 2l \left(1 + \frac{5f^2}{6l^2}\right)$$

當 f 變化了 Δf 時，電纜長度的變化約為多少？

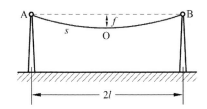

4. 設函數 $f(x)$ 在 $(a，b)$ 內二階可導，且 $f''(x) \geqslant 0$。試證明對 $(a，b)$ 內任意 2 點 $x_1，x_2$ 及 $0 \leqslant t \leqslant 1$ 有

$$f\left[(1-t)x_1 + tx_2\right] \leqslant (1-t)f(x_1) + tf(x_2)$$

求 $z = x^2 \sin(2y)$ 關於 x 和 y 的偏微分。

5. 設 $A，B，C$ 是 3 個事件，且 $P(A) = P(B) = P(C) = 1/4$，$P(AB) = P(BC) = 0，P(AC) = 1/8$，求 $A，B，C$ 至少發生一個事件的機率。

6. 已知 $P(\overline{A}) = 0.3，P(B) = 0.4，P(A-B) = 0.5$，求條件機率 $P(B \mid A \cup -B)$。

7. 一個袋中裝有 5 顆球，編號為 1，2，3，4，5。在袋中同時取 3 顆，以 X 表示取出的 3 顆球中的最大號碼，寫出隨機變量 X 的分布律。

8. 進行重複獨立實驗，設每次實驗的成功機率為 p，失敗機率為 $q = 1 - p$（$0 < p < 1$）。

（1）將實驗進行到出現一次成功為止，以 X 表示所需的實驗次數，求 X 的分布律（此時稱 X 服從以 p 為參數的幾何分布）。

（2）將實驗進行到出現 r 次成功為止，以 Y 表示所需的實驗次數，

求 Y 的分布律（此時稱 Y 服從以 r, p 為參數的巴斯卡分布或負二項式分布）。

9. 設 $A=\begin{pmatrix} 0 & 3 & 3 \\ 1 & 1 & 0 \\ -1 & 2 & 3 \end{pmatrix}$，$AB=A+2B$，求 B。

10. 設 n 階矩陣 A 及 s 階矩陣 B 都可逆，求

(1) $\begin{pmatrix} O & A \\ B & 0 \end{pmatrix}^{-1}$;

(2) $\begin{pmatrix} A & O \\ C & B \end{pmatrix}^{-1}$ 。

11. 設 x 為 n 維列向量，$x^T x = 1$，令 $H = E - 2xx^T$，證明 H 是對稱的正交矩陣。

程式設計

1. 計算並返回一個非負整數在 10 進制下的位數。

```
def DigitsOfNumber(num):
    # your code here
```

2. 對一個數組（list）中的元素從小到大排序。

```
def Sort(numbers):
    # your code here
```

3. 統計一個列表中每個元素的個數，輸入為一個列表，輸出為一個字典，key 是元素值，value 是元素的個數。

```
def Statistics(numbers):
    # your code here, return a dictionary
```

4. 在一個數組中查找第 2 大的元素。

```
def SecondLargestNumber(numbers):
    # your code here
```

5. 假設一年 365 天（不考慮閏年），輸入一個 1 ～ 365 之間的數字，輸出月分和日期。例如，輸入 35，輸出「Feburary-4」。

```
def DateOfTheDayInAYear(day): # assume the input is an integer between 1 and 365
    # your code here
```

6. 檔案操作練習，打開一個檔案，輸入 3 行「hello, world!」，保存並關閉檔案。打開同個檔案，追加一行「hello, python!」，保存並關閉檔案。打開該檔案，輸出所有行。

7. 計算斐波那契數列的第 n 項（可以考慮遞歸算法）。

```
def fib(n):  # assume n >= 0
    # your code here
```

8. 定義如下的 ReLU 函數（神經網路的激勵函數）。

```
def ReLU(input):
    # return your code here
```

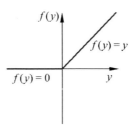

$$\text{ReLU}(x) = \begin{cases} x, & \text{如果 } x > 0 \\ 0, & \text{如果 } x \leqslant 0 \end{cases}$$

9. 用二維的列表表示矩陣 $A = \begin{pmatrix} 0 & 3 & 3 \\ 1 & 1 & 0 \\ -1 & 2 & 3 \end{pmatrix}$，實現矩陣乘法的算法，
並計算 A^2。

```
A = … ♯ your code
def MatrixMultilication(A, B):
    ♯ your code
Result = MatrixMutliplication(A, A)
```

10. 請前往 Python 官方網站查閱 API 檔案中關於 Random 的使用方法。在二維空間中定義一個正方形區域 $-1 \leqslant x \leqslant 1$，$-1 \leqslant y \leqslant 1$，用 Random 產生 10 萬個位於正方形區域內的點，並計算這些點落在以（0，0）為圓心、半徑為 1 的圓內比例。

---

(1)　在中國、香港等地區，行、列的翻譯與臺灣通用譯法相反。

(2)　解決某一問題的計算步驟也被稱為算法。一個算法可以用不同的語言實現。

(3)　在程式語言中，每一門語言的入門都是從螢幕輸出「hello, world!」開始的。這表示，我們要用這門語言向世界問好。

(4)　下文中，有時也將變量賦值表達為用變量儲存一個值，這種說法源自程式在電腦硬體上的運行方式。例如，$a = 1$ 表示將值 1 賦值給變量 a，也稱用變量 a 儲存值 1。

(5)　大部分程式均用 i 遍歷容器。i 是英文 index（索引）的首字母，也常用於代數中表示腳標。另外，j 和 k 也是常用的遍歷變量。

(6)　函數的概念將在 0.2.5 節中介紹。

(7)　實際是生成一個列表的「疊代器」，它可以像列表一樣被操作，本書不詳細描述。

(8)　換言之，一個模組內的全局變量的命名空間僅限於該模組內部。

(9)　這種方式並不被推薦，因為它會導致引用者能夠訪問更多的模組內結構。如果訪問

並非必要，則可能引起程式安全或者語義混淆問題。

(10)　詳細列表見 Python 官方檔案，https：//docs.python.org/3/library/functions.html。

(11)　官方檔案，https：//docs.python.org/3.7/library/math.html。

(12)　可包含路徑訊息，路徑訊息的描述方式與操作系統中路徑描述方式相同：可以是相對路徑，「.」表示當前目錄，「..」表示上一級目錄，用「\」或「/」分割開各級目錄；也可以是絕對路徑，從根目錄開始，逐級描述到最終的檔案。

(13)　對 2 進制檔案，相應的參數為「rb」「wb」「ab」。

(14)　正確的程式設計習慣是不管對檔案進行讀還是寫操作，最後都要調用 close 　（）來關閉檔案。這樣能確保操作系統對檔案的任何動作不會出錯：讀檔案之後不會破壞原文本內容，修改檔案之後不會丟失最新的內容。

(15)　這類似用編輯器打開一個檔案時，會有一個閃動的游標來描述當前位置，用戶對檔案的添加、修改、刪除和選取都從游標處開始。

(16)　「r＋」模式在檔案不存在時仍會報錯。2 進制檔案的「wb＋」「ab＋」「rb＋」的含義與文字檔案的模式相同。

第 1 章

搜尋

引言

　　搜尋是人工智慧的一個關鍵領域。人工智慧所面臨的許多問題都非常複雜，往往無法一步完成，而是需要透過一組動作（action）序列來達到目標（goal）。這個尋找達到目標的動作序列求解過程，就稱為搜尋。解決搜尋問題的方法稱為搜尋策略，其主要任務是確定選取動作的方式和順序。

　　現實中許多規劃問題都可以描述成搜尋問題，且都已得到很好的解決。如圖 1.1 所示，自動駕駛或導航系統中的路徑規劃以及使機器人完成抓取任務的運動規劃，就是典型的搜尋問題。許多智力遊戲的求解，比如尋找魔術方塊的復原方法，本質也是搜尋問題。還有，擊敗前國際西洋棋冠軍卡斯帕洛夫的深藍程式，以及擊敗世界圍棋冠軍李世石的 GoogleDeep Mind AlphaGo，它們的核心也都是搜尋算法。

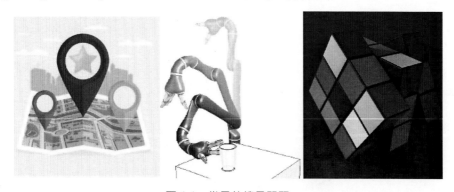

圖 1.1　常見的搜尋問題

　　本章將介紹 2 大類搜尋算法：單智慧型（single-agent）搜尋和多智慧型（multi-agent）對抗搜尋（adversarial search）。

　　單智慧型搜尋針對在單個智慧型環境中的決策問題。即使有其他智

慧主體存在，這類搜尋也只是簡單地把它們的行為視為環境的一部分。前面例子中的自動駕駛與導航路徑規劃、機器人抓取規劃，均為單智慧型搜尋。單智慧型的搜尋策略有兩種基本方式。一種是盲目搜尋，也稱為無訊息搜尋策略，即不考慮除問題定義本身之外的知識，根據事先確定好的某種固定排序，依次調用動作，以探求最優的動作序列。另一種是啟發式搜尋，或稱為有訊息引導的搜尋策略，即考慮具體問題的可用知識，有目的地動態確定排序的規則，優先搜尋最可能的動作，從而加快搜尋速度。

多智慧型對抗搜尋主要針對存在多個智慧主體競爭的環境。此時，每一個智慧主體都需要考慮其他智慧主體的決策帶來的影響，因而導致了博奕問題和對抗搜尋的產生。對抗搜尋算法在每一步中，尋找在對手最優選擇下使己方收益最大化的步驟，並不斷疊代，直到最終找到雙方策略的均衡點。在均衡點，雙方都無法透過改變自己的策略來提高收益。在對抗搜尋中，可以透過剪枝來避免搜尋必然不優的策略，從而提高效率。

在本章，先介紹單智慧型搜尋問題的定義，然後詳細介紹盲目搜尋和啟發式搜尋兩種主要的方法；隨後，將介紹多智慧型對抗搜尋。為方便讀者理解，我們會穿插介紹一些必要的數據結構知識及例子。

1.1　搜尋問題的定義

一個搜尋問題可以由六個組成部分〔S，s_0，A，T，c，G〕來形式化描述：

- S：狀態空間（state space），是所有可能的狀態集合，而狀態（state）表示問題中考慮系統所處的狀態；

- s_0：初始狀態（initial state），描述系統的起始狀態；
- A：行動空間（action space），對每個狀態 s，A（s）描述在該狀態下可用的行動集合；
- T（s，a）：轉移函數（transition function），在狀態 s 下執行行動 a 後達到的狀態；
- c（s，a，s'）：損耗函數（cost function），在狀態 s 下執行行動 a 後達到的狀態 s' 的損耗；
- G（s）：目標測試函數（goal test），判斷給定的狀態 s 是否為目標狀態。值得注意的是，對某些問題，目標狀態 s 是一個集合，而不是單個狀態。搜尋在系統到達其中一個目標狀態後結束。

　　將系統從初始狀態帶到目標狀態的一系列動作稱為一個解。解的好壞由路徑上的總損耗來度量，其中取得最小總損耗的解稱為最優解。在本章中，假定轉移函數為確定性的，即在一個狀態下，執行某個動作之後，會確定性地到達另一個狀態，不存在隨機性。對於存在隨機性的複雜問題，需要將問題建模成一個馬可夫決策過程（Markov decision process），相關內容會在第 8 章進行介紹。

　　接下來，我們舉兩個例子。

　　第一個例子是圖 1.2 中展示的一個常見的 8 數字推盤遊戲。在一個 3×3 的木板上，有編號為 1 ～ 8 的圖塊和一個空白區域，與空白區域相鄰的圖塊可以被推入空白區域。我們的目標是從初始布局（左），透過移動圖塊達到指定的目標布局（右）。對於這個遊戲，我們難以利用現有的訊息直接計算出問題的解，而必須透過搜尋，逐步找到能夠達成目標的路徑。在這個問題裡，每個解均為一系列的數字移動動作。

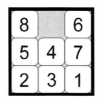

圖 1.2　8 數字推盤問題

對於這個 8 數字推盤問題，可以給出它的形式化描述：

- **狀態空間**：所有數字擺放的布局；
- **初始狀態**：左側圖的布局；
- **行動空間**：將空格相鄰的數字之一移動到空格處；
- **轉移函數**：給定上一布局和動作，轉移函數返回當前數字布局；
- **損耗函數**：該問題中，每移動一次數字產生一單位的損耗；
- **目標測試函數**：判斷當前數字布局是否與圖右側布局一致。

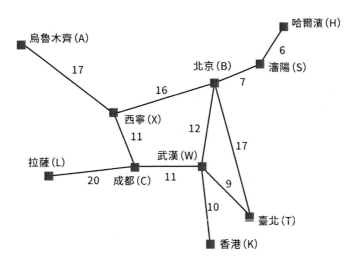

圖 1.3　地圖路徑搜尋問題

　　第二個例子是圖 1.3 中的地圖路徑搜尋問題。在這個問題裡，可以沿著圖中標出的邊從一個城市移動到另一個城市，邊上的數字顯示了對應 2 座城市之間的距離。我們的目標是找到從烏魯木齊（A）到臺北（T）距離最短的一條路徑。該問題的形式化描述為：

- **狀態空間**：地圖中的城市；
- **初始狀態**：本問題中，我們假設智慧主體從烏魯木齊出發，故初始城市為烏魯木齊（A）；
- **行動空間**：所有移動到相鄰城市的動作集合，即圖中的鄰邊；
- **轉移函數**：給定狀態（城市）和動作（邊），轉移函數返回下一個到達的狀態（城市）；
- **損耗函數**：該問題中，每個動作的成本可以設定為從當前城市到達另一城市的距離；
- **目標測試函數**：判斷當前城市是不是目標城市，在本問題中為臺北（T）。

1.2　搜尋算法基礎

　　搜尋算法需要透過數據結構來描述搜尋過程。所以，本節將先介紹幾個搜尋中重要的數據結構，包括圖、樹以及隊列。

　　圖（graph）是一種基礎的數據結構。一個圖（G）由節點的集合（V）和邊的集合（E）組成，記作 $G =（V，E）$。圖 1.4 中展示了一個有向圖和一個無向圖。在無向圖中，節點之間由無向邊連接，即連結為雙向；而在有向圖中，節點之間由有向邊連接，即連結為單向。對無向圖來說，一個節點的度等於與它相關聯的邊的數量。如圖 1.4 左圖中無向

圖的節點 E，它的度為 2。在有向圖中，一個節點的度分為入度和出度，分別為到達節點的有向邊數與從節點出發的有向邊數。如圖 1.4 右圖中的有向圖，節點 D 的入度為 1，出度為 2。

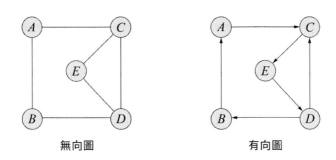

圖 1.4　無向圖和有向圖

以下是一些圖中重要的概念：

路徑：一個節點通向另一節點所經過的邊的序列。

路徑長度：一個節點到另一節點經過的邊的個數或權重之和。

連通圖：如果一個無向圖中任意兩個節點之間都存在路徑，則為連通圖。

強連通圖：如果一個有向圖中任意兩個有序節點之間都存在路徑，則為強連通圖。

樹（tree）是一種基礎的數據結構，由節點和邊構成。樹可視為一種特殊的無向圖，它有以下這些重要的性質：①每個節點只有一個父節點；②只存在一個沒有父節點的節點，稱為根節點。在樹結構中，根節點為第 1 層，根節點的子節點為第 2 層，依此類推，如圖 1.5 所示。

樹的高度或深度是由樹中節點的最大層次決定的。路徑表示從根節點到節點的一條由邊構成的通路。路徑的長度是由其經過的邊的數量求

和得到的，例如從根節點 A 到子節點 K 的路徑長度為 4。

　　在搜尋過程中，有時需要儲存未搜尋過的節點。隊列是一種常用的儲存數據結構。隊列是一種線性數據結構，通常有 3 種形式：第 1 種是先進先出隊列或 first-in-first-out 隊列（FIFO queue），即最先被放入隊列的數據最優先被取出，最後被放入的數據最後被取出，如圖 1.6（a）所示；第二種是優先隊列（priority queue），隊列中的元素按照某種函數計算的優先級別排列，高優先級的元素先出隊；第 3 種是後進先出隊列或 last-in-first-out 隊列（LIFO queue，也稱堆疊（stack）），即最後被放入隊列的數據最先被取出，如圖 1.6（b）所示。

　　在了解了必要的數據結構知識後，下面開始介紹搜尋算法。

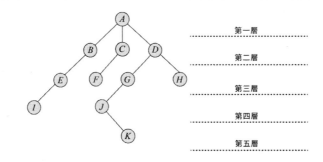

圖 1.5　樹結構

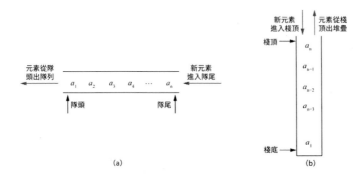

圖 1.6　先進先出隊列（a）和後進先出隊列（b）

1.3 盲目搜尋

搜尋算法的基本思路是：為初始狀態生產初始節點，並將該節點放到某種儲存數據結構裡，然後根據某種策略從儲存結構中選擇並移除一個節點，判讀如果這個節點的狀態是目標節點，返回成功，否則根據該節點的狀態的行動集合，生產相應的後繼節點集合並放入儲存結構中。然後重複以上過程，直到成功或結束。不同的搜尋算法可能使用不同的儲存數據結構和節點選擇策略。每個節點都包含相應的狀態、父節點訊息、以及從父節點狀態到該節點狀態的動作。注意，根據到達的路徑不同，一個狀態可能會生產不同的節點。本節將介紹盲目搜尋策略（也稱無訊息搜尋）。盲目搜尋（blind search）是指在搜尋中沒有使用除了問題定義以外的額外訊息。我們將以地圖路徑搜尋問題為例，介紹兩種盲目搜尋的方式，深度優先搜尋（depth–first search，DFS）和廣度優先搜尋（breadth–first search，BFS）。

1.3.1 深度優先搜尋

深度優先搜尋是一種典型的盲目搜尋，它每次優先對當前能到達的最深節點進行搜尋。如果當前節點的所有邊都已經被探索過，則算法不斷向當前節點的父節點回溯，一直進行到發現目標節點或從源節點可達的所有節點為止；若此時還有未被搜尋過的節點（意味著問題存在不連通的節點），則選擇其中一個未被搜尋的節點作為源節點並重複以上過程；重複整個過程直到發現目標節點或所有節點都被訪問為止。

深度優先搜尋算法的偽代碼如下：

算法 1：深度優先搜尋算法

1: 初始化棧 Z，令其為空：
2: 初始化訪問表 V，令其為空：
3: 將初始節點 s 放入棧 Z；
4: while（棧 Z 非空）
5: 　　彈出棧頂節點 n；
6: 　　if（n 為目標節點）
7: 　　　　返回成功；
8: 　　if（節點 n 不在訪問表 V 中）；
9: 　　　　擴充套件節點 n，N 是當前節點 n 所有動作能夠轉移到的後繼節點的集合；
10: 　　　　將節點 n 加入訪問表 V 中；
11: 　　　　for m in N：
12: 　　　　　　將 m 放入棧頂；
13: 返回失敗，

下面以圖 1.3 中的地圖搜尋問題為例，具體說明深度優先算法的執行過程。在此問題中，假設初始節點為 A，目標節點為 T。圖 1.7 給出了該算法執行過程中對應搜尋的變化。

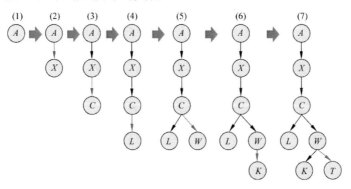

圖 1.7　深度優先搜尋的節點擴展順序

初始化時，堆疊為空 $Z = \{\}$，訪問表為空 $V = \{\}$。算法執行過程如下：

(1) 初始節點 A 放入堆疊 Z，$Z = \{A\}$。

(2) 堆疊 Z 不為空，繼續執行。彈出堆疊頂節點 A，且 A 不是目標、不在訪問表中。擴展 A，其後繼集合為 $N = \{X\}$。將 A 放入訪問表 $V = \{A\}$。將 N 中的節點放入堆疊 $Z = \{X\}$。對應圖 1.7（1）。

(3) 堆疊 Z 不為空，繼續執行。彈出堆疊頂節點 X，且 X 不是目標、不在訪問表中。擴展 X，其後繼集合為 $N = \{C，B\}$。將 X 放入訪問表 $V = \{A，X\}$。將 N 中的節點放入堆疊 $Z = \{B，C\}$。對應圖 1.7（2）。

(4) 堆疊 Z 不為空，繼續執行。彈出堆疊頂節點 C，且 C 不是目標、不在訪問表中。擴展 C，其後繼集合為 $N = \{L，W\}$。將 C 放入訪問表 $V = \{A，X，C\}$。將 N 中的節點放入堆疊 $Z = \{B，W，L\}$。對應圖 1.7（3）。

(5) 堆疊 Z 不為空，繼續執行。彈出堆疊頂節點 L，且 L 不是目標、不在訪問表中。L 無後繼節點，將 L 放入訪問表 $V = \{A，X，C，L\}$。堆疊 $Z = \{B，W\}$。對應圖 1.7（4）。

(6) 堆疊 Z 不為空，繼續執行。彈出堆疊頂節點 W，且 W 不是目標、不在訪問表中。擴展 W，其後繼集合為 $N = \{K，T，B\}$。將 W 放入訪問表 $V = \{A，X，C，L，W\}$。將 N 中的節點放入堆疊 $Z = \{B，B，T，K\}$。對應圖 1.7（5）。

(7) 堆疊 Z 不為空，繼續執行。彈出堆疊頂節點 K，且 K 不是目標、不在訪問表中。K 無後繼節點，將 K 放入訪問表 $V = \{A，X，C，L，W，K\}$。堆疊 $Z = \{B，B，T\}$。對應圖 1.7（6）。

(8) 堆疊 Z 不為空，繼續執行。彈出堆疊頂節點 T，為目標節點，結束搜尋。此時訪問表為 $V = \{A，X，C，L，W，K，T\}$。對應圖 1.7（7）。

深度優先搜尋是一種通用且與問題無關的方法，深度對優先搜尋的實現可以不使用訪問表。雖然這樣實現可能會重複展開某些狀態，但是

其優點在於節省內存，只需儲存從初始節點到當前節點路徑上的節點以及它們的後繼節點；缺點是對於無限狀態空間，如果進入了一條無限又無法到達目標節點的路徑，深度優先搜尋會進入死循環而失敗。

1.3.2　廣度優先搜尋

廣度優先搜尋從根節點開始，按照層次由淺入深的方式，逐層擴展節點進行搜尋，直至找到目標節點。

廣度優先搜尋的偽代碼如下：

```
算法 2：廣度優先搜尋算法
1: 初始化先入先出佇列 Q，令其為空；
2: 初始化訪問表 V，令其為空；
3: 將初始節點 s 放入先入先出佇列 Q；
4: while（佇列 Q 非空）
5:     彈出佇列 Q 的隊首節點 n；
6:     if（n 為目標節點）
7:         返回成功；
8:     if（節點 n 不在訪問表 V 中）
9:         擴充套件節點 n，N 是當前節點 n 所有動作能夠轉移到的不
           在訪問表 V 中的後繼節點的集合；
10:        將節點 n 加入訪問表 V 中；
11:        for m in N；
12:            將 m 放入佇列 Q 的隊尾；
13: 返回失敗；
```

這裡仍以圖 1.3 中的地圖搜尋為例，說明廣度優先搜尋的執行過程。假設初始節點為 A，目標節點為 S。圖 1.8 給出了算法執行過程中搜尋樹的變化。

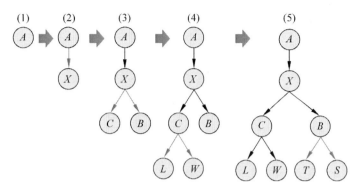

圖 1.8　廣度優先搜尋節點的擴展順序

初始化時，隊列為空 $Q = \{ \}$，訪問表為空 $V = \{ \}$。算法執行過程如下：

（1）將初始節點 A 放入隊列得到 $Q = \{A\}$。

（2）隊列 Q 不為空，繼續執行。彈出隊首節點 A，且 A 不是目標、不在訪問表中。擴展 A，其後繼集合為 $N = \{X\}$。將 A 放入訪問表得到 $V = \{A\}$。將 N 中的節點放入隊列得到 $Q = \{C，B\}$。對應圖 1.8（1）。

（3）隊列 Q 不為空，繼續執行。彈出隊首節點 X，且 X 不是目標、不在訪問表中。擴展 X，其後繼集合為 $N = \{C，B\}$。將 X 放入訪問表得到 $V = \{A，X\}$。將 N 中的節點放入隊列 $Q = \{C，B\}$。對應圖 1.8（2）。

（4）隊列 Q 不為空，繼續執行。彈出隊首節點 $\{C，B\}$（實際程式執行，每次只彈出一個，先彈出 C 再彈出 B，此處為了表達簡潔，將同一父節點的節點同時彈出），且 $\{C，B\}$ 不是目標、不在訪問表中。依次擴展 $\{C，B\}$，其後繼集合為 $N = \{L，W，T，S\}$。將 $\{C，B\}$ 放入訪問表得到 $V = \{A，X，C，B\}$。將 N 中的節點放入隊列得到 $Q = \{L，W，T，S\}$。對應圖 1.8（3）。

（5）隊列 Q 不為空，繼續執行。彈出隊首節點 $\{L，W\}$（$L，W$ 來自

同一父節點 C），且 $\{L，W\}$ 不是目標、不在訪問表中。依次擴展 $\{L，W\}$，L 無後繼節點，W 後繼節點為 $\{K，T，B\}$，從而後繼集合為 $N = \{K，T，B\}$。將 $\{L，W\}$ 放入訪問表得到 $V = \{A，X，C，B，L，W\}$。將 N 中的節點放入隊列得到 $Q = \{T，S，K，T，B\}$。對應圖 1.8（4）。

（6）隊列 Q 不為空，繼續執行。彈出隊首節點 $\{T，S\}$（T，S 來自同一父節點 B），S 為目標節點，結束搜尋。此時訪問表 $V = \{A，X，C，B，L，W，S\}$。對應圖 1.8（5）。

可以看到，當擴展到深度為 4 的節點時，便找到了從起點到終點的路徑。與深度優先搜尋類似，廣度優先搜尋方法與問題無關，具有通用性。其優點是不存在死循環的問題，當問題有解時，一定能找到解。然而，在搜尋過程中，廣度優先搜尋需要將下一層的節點放到隊列中待展開，而每層的節點個數隨著層數成指數增長，所以它的缺點在於算法所需的儲存量比較大。另外，深度優先搜尋和廣度優先搜尋均會構建搜尋樹，其不同之處在於擴展節點的順序不同。

1.4　啟發式搜尋

啟發式搜尋算法是在搜尋時，利用問題定義本身之外的知識來引導搜尋的算法。啟發式搜尋算法依賴於啟發式代價函數 h，其定義為每個節點到達目標節點代價的估計值。啟發式搜尋算法透過代價函數 h 的估計，獲得一種搜尋策略。當代價函數的估計值比較精準時，該算法往往能較快地找到目標節點。相比於盲目搜尋，啟發式搜尋能減少搜尋範圍，提高搜尋效率。

啟發函數需要根據具體問題設計。例如在圖 1.9 的搜尋例子中，一

個啟發函數可以是當前城市到臺北的直線距離。設計啟發函數是啟發式搜尋的核心。如果啟發函數帶來的訊息太弱，搜尋算法在找到一條路徑之前，將擴展過多的節點，則無法有效地降低算法的複雜度；反之，如果啟發函數引入的啟發訊息太強，雖然能大大降低搜尋工作量，但可能導致無法找到最佳路徑。因此，在實際應用中，往往希望能引入適量啟發訊息以降低搜尋工作量，同時不犧牲找到最佳路徑的保證。

　　下面將介紹 2 種啟發式搜尋方法，貪婪搜尋（Greedy Search）和 A* 圖搜尋算法（A* Graph–Search，簡稱 A* 算法）。我們沿用圖 1.9 所示的例子，搜尋從烏魯木齊（A）到臺北（T）的最短路徑。

1.4.1　貪婪搜尋

　　貪婪搜尋，總是優先擴展可達節點中啟發函數最小的節點，以期望能盡快到達目標。在圖 1.3 的例子中，最理想的 h 函數為當前節點至目標節點的真實旅行距離。但在實踐中，如此理想的啟發式函數很難得到，我們往往只能透過經驗估計一個啟發函數。當啟發函數不準確時，可能無法得到問題的最優解。例如，若取 h 為圖 1.9 中給出的評估函數，則貪婪搜尋擴展節點的順序為 A → X → B → T。

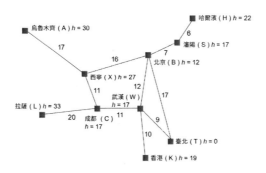

圖 1.9　帶有啟發函數的地圖路徑搜尋問題

在這個情況下，貪婪搜尋無需任何的回溯就到達目標節點。因此算法的時間複雜度很低。然而，算法找到的並不是最優路徑，$A \rightarrow X-\rightarrow C \rightarrow W \rightarrow T$ 是一條更優的路徑。這是由評估函數不精確導致的。從這個例子也可以看出算法的「貪婪」性，即算法每一步都僅考慮啟發式函數估計離目標最近的節點，而沒有考慮從起始節點到該節點的已知真實損耗。

貪婪搜尋的偽代碼如下：

算法 3：貪婪搜尋

1: 初始化以啟發函式 h 為鍵值的優先佇列 Q，令其為空：
2: 初始化訪問表 V，令其為空；
3: 將初始節點 s 放入優先佇列 Q；
4: while（優先佇列 Q 非空）
5: 　　彈出優先佇列 Q 中 h 值最小的節點 n；
6: 　　if（n 為目標節點）
7: 　　　　返回成功；//從目標節點 n 由父節點指標回溯到初始節點 s 的路徑即為所得路徑
8: 　　if（節點 n 不在訪問表 V 中）
9: 　　　　擴充套件節點 n，並設 N＝當前節點 n 所有動作能夠轉移到的節點集合；
10: 　　　　將節點 n 加入訪問表 V 中；
11: 　　　　for 節點 m in N：
12: 　　　　　　if（m 不在優先佇列 Q 中）
13: 　　　　　　　　將 m 放入優先佇列 Q，將後繼節點 m 的父節點指標指向 n；
14: 返回失敗；

下面將以圖 1.9 中的例子具體說明貪婪搜尋算法的執行過程。為了簡化說明，後繼節點集合 N 只顯示不在訪問表 V 中的節點。假設初始節點為 A，目標節點為 T。

初始化時，優先隊列為空 $Q = \{\ \}$，訪問表為空 $V = \{\ \}$。然後算法執行過程如下：

(1) 初始節點 A 放入優先隊列 Q，$Q = \{A\}$。

(2) 優先隊列 Q 不為空，繼續執行。彈出優先隊列中 h 值最小的節點 A，且 A 不是目標、不在訪問表中。擴展 A，其後繼集合為 $N = \{X\}$。將 A 放入訪問表得到 $V = \{A\}$。將 N 中的節點放入優先隊列得到 $Q = \{X\}$。對應圖 1.10（1）。

(3) 優先隊列 Q 不為空，繼續執行。彈出優先隊列中 h 值最小的節點 X，且 X 不是目標、不在訪問表中。擴展 X，其後繼集合為 $N = \{B，C\}$。將 X 放入訪問表得到 $V = \{A，X\}$。將 N 中的節點放入優先隊列得到 $Q = \{B，C\}$。對應圖 1.10（2）。

(4) 優先隊列 Q 不為空，繼續執行。彈出優先隊列中 h 值最小的節點 B，且 B 不是目標、不在訪問表中。擴展 B，其後繼集合為 $N = \{T，W，S\}$。將 B 放入訪問表得到 $V = \{A，X，B\}$。將 N 中的節點放入優先隊列得到 $Q = \{T，W，S，C\}$。對應圖 1.10（3）。

(5) 優先隊列 Q 不為空，繼續執行。彈出優先隊列中 h 值最小的節點 T，且 T 是目標。結束搜尋，返回成功。對應圖 1.10（4）。

對應該問題的搜尋過程，如圖 1.10 所示。

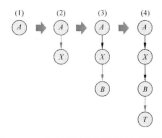

圖 1.10　貪婪搜尋節點的擴展順序

1.4.2　A*算法

A*算法是啟發式搜尋算法中最廣為人知的算法。其在解決路徑搜尋相關問題中，應用十分廣泛，包括網路路由算法、機器人探路、遊戲設計以及地理訊息系統的交通路線導航和路徑分析領域。

相比貪婪搜尋，A*算法採用更為精確的評價函數對擴展節點進行評估，因為其評價函數不僅利用啟發函數，而且還包含從起始節點到目前節點的已知真實損耗。令 $g(n)$ 表示算法所找到的從起始節點 s 到節點 n 的實際代價；令 $h(n)$ 表示啟發函數，它定義從當前節點到目標節點最佳路徑的代價估計；然後令 $f(n) = g(n) + h(n)$ 表示評價函數。相對的，貪婪搜尋採用 $f(n) = h(n)$。實際代價 $g(n)$ 可以在搜尋中計算得到，即 $g(n) = g(p) + c(p, a, n)$，其中 $g(p)$ 為起始節點到父節點 p 的實際代價，而 $c(p, a, n)$ 是父節點 p 透過動作 a 轉移到節點 n 的代價。

A*算法的實現需要兩個列表，一個是優先隊列表，一個是訪問表。優先隊列表是一個以節點的 f 函數為升序排列的優先列表，其目的是為每一次搜尋提供經驗上「最優」的節點，以幫助 A*算法更有效率地找到從起點到終點的最短路徑。訪問表是一個普通的列表，用來保存已經擴展過且無需再訪問的節點，以避免節點的重複訪問。

A*算法的偽代碼如下：

算法 4：A*算法

1: 初始化以啟發函式 h 為鍵值的優先佇列 Q，令其為空；

2: 初始化訪問表 V，令其為空；

3: 將初始節點 s 放入優先佇列 Q，$g(s) = 0$，$f(s) = h(s)$；

4: while（優先佇列 Q 非空）

5: 　　　彈出優先佇列 Q 中 f 值最小的節點 n；

6:　　　　　if（n 為目標節點）
7:　　　　　　　返回成功；　//從目標節點n 由父節點指標回溯到初始節
　　　　　　　　點s的路徑即為所得路徑
8:　　　　　if（n 在訪問表V 中）
9:　　　　　　　continue；
10:　　　　　擴充套件節點n，並設$N=$當前節點n 所有動作能夠轉移到的
　　　　　　　節點集合；
11:　　　　　將節點n 加入訪問表V 中；
12:　　　　　for節點m in N ：
13:　　　　　　　new_$g=g$（n）+c（n, m）；
14:　　　　　　　new_$f=$new_$g+h$（m）；
15:　　　　　　　if（m 在優先佇列Q 中）
16:　　　　　　　　　if（new_$f<Q$ 中的f（m））
17:　　　　　　　　　　　將後繼節點m 的父節點指標指向n；
18:　　　　　　　　　　　更新Q 中的f（m）=new_f, g（m）=new_g；
19:　　　　　　　else
20:　　　　　　　　　f（m）=new_f；
21:　　　　　　　　　g（m）=new_g；
22:　　　　　　　　　將m 放入優先佇列Q, 將後繼節點m 的父節點指標
　　　　　　　　　　　指向n；
23:　　返回失敗；

　　下面以圖 1.9 中的問題為例，說明 A* 算法的執行過程。同樣取圖 1.9 中的啟發代價函數 h，並假設初始節點為 A，目標節點為 T。與之前介紹的算法一樣，A* 算法在搜尋過程中，也會產生一棵搜尋樹。我們在圖 1.11 中展示了 A* 算法在執行中產生的搜尋過程。為了簡化說明，後繼節點集合 N 只顯示不在訪問表中的後繼節點。

　　初始化時，優先隊列為空 $Q = \{\}$，訪問表 $V = \{\}$。然後算法執行過程如下：

（1）將初始節點 A 放入優先隊列得到 $Q = \{A\}$。

（2）優先隊列 Q 不為空，繼續執行。彈出優先隊列中 f 值最小的節點 A，且 A 不是目標、不在訪問表中。擴展 A，其後繼集合為 $\{X\}$。將 A 放入訪問表得到 $V = \{A\}$。將後繼集合中的節點放入優先隊列得到 $V = \{X\}$。對應圖 1.11（1）。

（3）優先隊列 Q 不為空，繼續執行。彈出優先隊列中 f 值最小的節點 X，且 X 不是目標、不在訪問表中。擴展 X，其後繼集合為 $\{B，C\}$。將 X 放入訪問表得到 $V = \{A，X\}$。將後繼集合中的節點放入優先隊列得到 $Q = \{B，C\}$。對應圖 1.11（2）。

（4）優先隊列 Q 不為空，繼續執行。彈出優先隊列中 h 值最小的節點 C，且 C 不是目標、不在訪問表中。擴展 C，其後繼集合為 $\{L，W\}$。將 C 放入訪問表得到 $V = \{A，X，C\}$。將後繼集合中的節點放入優先隊列得到 $Q = \{W，B，L\}$。對應圖 1.11（3）。

（5）優先隊列 Q 不為空，繼續執行。彈出優先隊列中 f 值最小的節點 W，且 W 不是目標、不在訪問表中。擴展 W，其後繼集合為 $\{T，K\}$。將 W 放入訪問表 $V = \{A，X，C，W\}$。將後繼集合中的節點放入優先隊列 $Q = \{T，B，K，L\}$。對應圖 1.11（4）。

（6）優先隊列 Q 不為空，繼續執行。彈出優先隊列中 f 值最小的節點 T，且 T 是目標。結束搜尋，返回成功。對應圖 1.11（5）。

　　A* 算法的最優性：A* 算法在一定的條件下，能保證其返回的解是最優的。保證 A* 算法最優性的條件是 —— $h（n）$ 是一個一致性啟發函數（也稱單調性啟發函數）。其具體定義如下：如果對所有節點 n_i 和 n_j，其中 n_j 是 n_i 的後繼節點，函數 $h（n）$ 均滿足

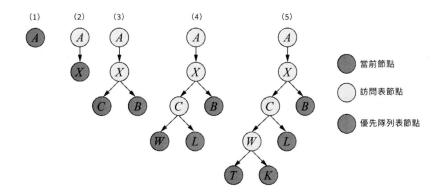

圖 1.11　A^* 算法在地圖搜尋問題上產生的搜尋樹

$$\begin{cases} h(n_i) - h(n_j) \leqslant c(n_i, a, n_j) \\ h(G) = 0 \end{cases}$$

其中，$c(n_i, a, n_j)$ 表示的是執行動作 a 從 n_i 到 n_j 的單步代價，G 為最近的目標節點，則稱 $h(n)$ 為一致性啟發函數。啟發函數的一致性可以用圖 1.12 中的三角不等式形象地表示出來。

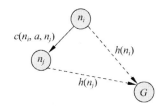

圖 1.12　啟發函數一致性的形象表示

如前所述，A^* 算法有如下性質。

定理：如果 $h(n)$ 是一致的，那麼 A^* 算法找到的解是最優的。

證明：

第 1 步，需要證明如果 $h(n)$ 是一致的，那麼沿著任何路徑上的節點 $f(n)$ 值是非遞減的。這步證明可以用一致性的定義得到。具體來說，

假設 n_j 是 n_i 的後繼節點，那麼 $g(n_j) = g(n_i) + c(n_i, a, n_j)$，其中 a 是 n_i 到 n_j 的動作。然後可以得到

$$f(n_j) = g(nj) + h(n_j) = g(n_i) + c(n_i, a, n_j) + h(n_j)$$
$$\geqslant g(n_i) + h(n_i)$$

第 2 步，需要證明當 A^* 算法選擇擴展節點 ni 時，到達節點 ni 的最優路徑已經找到。這一步可以用反證法。假設到達節點 ni 的最優路徑還沒有找到，那麼在這個最優路徑上必然有一個沒有擴展開的節點 n'_i 在優先隊列表裡。因為沿著任何路徑上的節點的 $f(n)$ 值是非遞減的，那麼 $f(n_i) > f(n'_i)$，必然會先於 n_i 擴展，這個與假設矛盾。

從以上 2 步證明可以得出，A^* 算法以 $f(n)$ 值的非遞減順序擴展節點。因為目標節點的 $h = 0$，f 在目標節點的值就是實際總損耗。因此第一個被選擇擴展的目標節點路徑一定是最優解。

1.5　對抗搜尋

在一些搜尋問題中，有多個智慧主體進行博奕或競爭，即智慧主體的目標相互衝突，這時就需要對抗搜尋。在對抗搜尋中，一個智慧主體需要在其他智慧主體同樣透過搜尋尋找各自最優解的同時，尋找自己的最優策略。擊敗國際西洋棋冠軍卡斯帕洛夫的「深藍」所使用的 Alpha-Beta 剪枝搜尋和擊敗世界圍棋冠軍的 AlphaGo 所使用的蒙地卡羅樹搜尋，都屬於對抗搜尋。

在本節中，主要探究在兩個智慧主體的零和博奕問題下的搜尋。在此類博奕中，雙方收益的和為零，即必有一方獲勝或雙方打平。圍棋、西洋棋以及猜拳遊戲都是典型的零和博奕問題。因為雙方收益之和為

零，那麼我們可以只用一個收益函數，其中一個智慧主體最大化收益，而另一個智慧主體最小化收益，一個零和博奕可以透過博奕樹來定義。博奕樹由初始狀態 s_0、行動集合 A 和收益函數 $U(p)$ 組成，其中每個節點表示博奕的一個狀態，而每一條邊則表示不同玩家的一次行動。樹的葉節點表示博奕的結束，而收益函數 $U(p)$ 則表示在每一個葉節點 p 確定雙方獲勝或打平的情況。

博奕樹包含兩個玩家 MIN 和 MAX，每個玩家輪流執行動作，其中玩家 MAX 希望最大化收益函數，而玩家 MIN 希望最小化收益函數。以井字棋遊戲為例來展現博奕樹。井字棋是一種在 3×3 格子上進行的連珠遊戲，由分別代表○和 × 的兩個遊戲者輪流在格子裡留下標記（一般來說先手者為 ×），任意 3 個標記形成一條直線，則獲勝。其（部分）博奕樹如圖 1.13 所示。

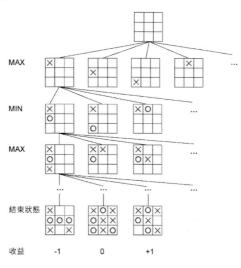

圖 1.13 井字遊戲的（部分）博奕樹

下面將簡要介紹 2 種常見的對抗式搜尋方法：極小極大搜尋（Mini-Max search）和 Alpha–Beta 剪枝搜尋。

1.5.1　極小極大搜尋

　　極小極大搜尋是博奕樹搜尋的一種基本方法。其基本概念是使用一個收益評估函數 $v\,(p)$ 對給定的中間節點 p 進行評估，並透過搜尋找到使收益評估函數最大（或最小）的動作。

　　給定一棵博奕樹，最優策略可以透過檢查每個節點的極小值或極大值來確定。這是因為在任意狀態，MAX 玩家會傾向於移動到所有選擇中收益極大的狀態，而 MIN 玩家傾向於移動到所有選擇中極小的狀態。因此我們可以透過如下公式，遞歸確定每個節點玩家的最優策略及收益：

$$v(p) = \begin{cases} U(p), & p \text{ 為終止節點} \\ \max\limits_{a \in \text{Actions}(p)} v(p'), & p \text{ 為MAX玩家的節點} \\ \min\limits_{a \in \text{Actions}(p)} v(p'), & p \text{ 為MIN玩家的節點} \end{cases}$$

其中 $U\,(p)$ 是終止節點的收益函數，p' 是在 p 節點執行動作 a 後到達的下一個節點。因此，我們可以使用遞歸的算法來計算最優的策略。

　　具體來說，給定當前的格局，算法首先給出 MAX 玩家的所有可能走法，再進一步給出 MIN 玩家的所有可能走法，由此進行若干步，得到一棵子博奕樹，並在葉節點計算收益評估函數的值；最後由底返回至上計算，在 MIN 玩家處取下一步收益估值的最小值，在 MAX 玩家處取下一步收益估值的最大值，最終計算出使 MAX 玩家在最壞情況下能最大化收益的動作。

　　下面用 2 步棋的情況來說明，此時博奕樹如圖 1.14 所示。圖中葉子節點的數字或由收益評估函數 $v\,(p)$ 計算得到，或由結束狀態的收益函數給出，其他節點則使用倒推的方法估值。例如，Y 是 MAX 玩家決策的節點，其估值應取 A，B，C 中最大者。A，B，C 是 MIN 玩家決策的節

點,其估值應分別取其子節點收益評估函數值最小者。由此,可以計算出 MIN 玩家在 A,B,C 3 個節點的最優動作分別對應收益為 5,1,2 的動作;而 MAX 玩家在 Y 節點最優的動作是 A;最終的平衡策略是 MAX 玩家採取 A 動作,而 MIN 玩家採取對應收益為 5 的動作。使用極小極大搜尋算法在博奕樹中遞歸求解時,2 位玩家分別交替使用使收益極小和極大的動作,故稱為極小極大搜尋。

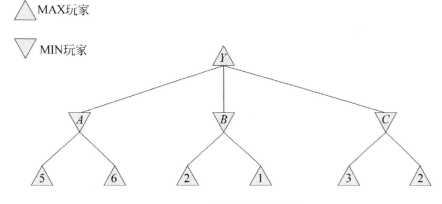

圖 1.14　2 步棋遊戲的博奕樹

極小極大搜尋算法的偽代碼如下,算法中的極小極大搜尋函數即為前述公式中的遞歸函數:

算法 5:極小極大搜尋(節點 p,是否為極大方)

1: if(節點 p 是終止節點)　　//收益函式中的第一種情況
2: 　　　返回節點 p 的收益函式 $U(p)$
3: if(節點 p 是極大方)　　//收益函式中的第二種情況
4: 　　　$v := -\infty$
5: 　　　for x in 子節點集合
6: 　　　$v := \max(v,$ 極小極大搜尋 $(x,$ 否))　//遞迴計算極小方節點的收益函式
7: 　返回 v
8: else　　　　　　　　　　//收益函式中的第三種情況

> 9:　　　$v:=+\infty$
> 10:　　　for x in 子節點集合
> 11:　　　　$v:=\min\left(v,\ 極小極大搜尋\ (x,\ 是)\right)$ //遞迴計算極大方
> 　　　　　節點的收益函式
> 12: 返回 v

　　圖 1.14 的博奕樹中極小極大搜尋的具體步驟如下。假設初始節點 p $= Y$，該節點為 MAX 玩家。

　　（1）首先搜尋左邊的 A 節點，為 MIN 玩家，再進一步搜尋兩個終止節點；MIN 玩家從返回的收益中選擇最小的一個，得到節點的最優策略收益為 $v = 5$。

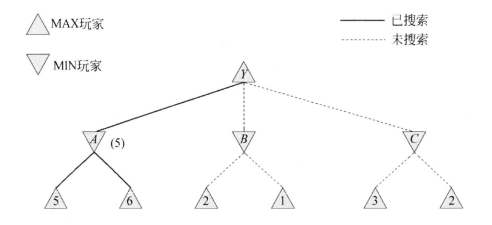

　　（2）進而搜尋 Y 節點可能到達的第 2 種情況，即 B 節點，為 MIN 玩家，其同樣從 2 種中止節點中選擇最小的一個，得到節點的最優策略收益為 $v = 1$。

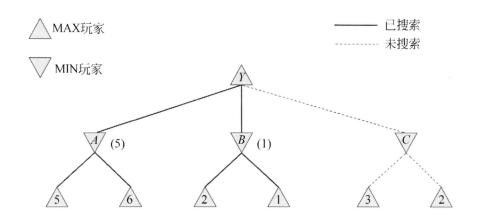

（3）然後搜尋 Y 節點可能到達的第 3 種情況，即 C 節點，為 MIN 玩家，同樣得到節點的最優策略收益為 $v = 2$。

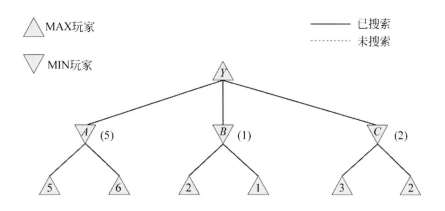

（4）最後回到 Y 節點，為 MAX 玩家，在所有可能的收益中取最大值，得到 Y 節點最優策略的收益為 $v = 5$。

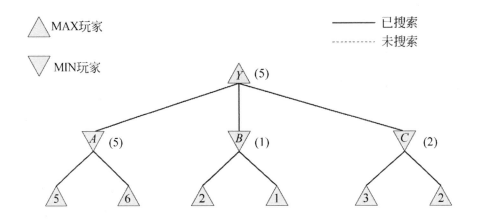

1.5.2　Alpha–Beta 剪枝搜尋

　　Alpha–Beta 剪枝搜尋透過避免不必要的節點搜尋來提高算法的運行效率，是對極小極大搜尋算法的優化。Alpha–Beta 剪枝搜尋的基本概念是，如果在當前節點，已知對手存在一個策略，能使自己獲得的收益少於之前某個節點能獲得的收益，則己方玩家一定不會選擇當前節點，故無需繼續搜尋當前節點的剩餘子節點，因此稱為「剪枝」。Alpha–Beta 剪枝搜尋引入 Alpha 與 Beta 兩個變量，其中 Alpha 表示到目前為止的路徑上，發現的 MAX 玩家當前的最優值；Beta 則表示到目前為止的路徑上，發現的 MIN 玩家當前的最優值。如果在某一個節點有 Alpha ≥ Beta，則說明該玩家當前的最優策略（Beta）劣於之前已有的最優策略（Alpha）。故無需搜尋當前節點的剩餘子節點，因此可以進行剪枝。

　　Alpha–Beta 剪枝搜尋的偽代碼如下：

算法 6：Alpha–Beta 剪枝搜尋（節點 p，alpha，beta，是否為極大方）

1: if（節點 p 是終止節點）　　　//收益函式中的第一種情況
2: 　　返回　節點 p 的收益函式 $U(p)$

```
3:  if（節點 p 是極大方）        //收益函式中的第二種情況
4:      v：＝-∞;
5:      for x in 節點 p 的子節點集合
6:          v：＝max（v, Alpha-Beta搜尋（x, alpha, beta, 否））
                                //遞迴計算極小方節點的收益函式
7:          alpha：＝max（alpha, v）
8:          if（alpha>=beta）         //剪枝，降低搜尋量
9:              break
10:     返回 v
11: else                        //收益函式中的第三種情況
12:     v：＝+∞;
13:     for x in 節點 p 的子節點集合
14:         v：＝min（v, Alpha-Beta搜尋（x, alpha, beta, 是））
                                //遞迴計算極大方節點的收益函式
15:     fbeta：＝min（beta, v）
16:     fif（alpha>=beta）  //剪枝，降低搜尋量
17:     f       break
18: 返回 v
```

我們仍然用圖 1.14 中的兩步棋遊戲具體說明 Alpha–Beta 剪枝搜尋的執行過程。初始化時，設 alpha ＝－ inf（負無窮），beta ＝ inf（正無窮）。

Alpha–Beta 剪枝搜尋的具體步驟如下：

（1）從根節點 Y 開始遞歸搜尋，同樣先搜尋左側節點 A，此時 alpha ＝－ inf，beta ＝ inf，所以 alpha ＜ beta，故繼續搜尋；最終到達最左側子節點。因為該子節點是終止節點，返回收益 v ＝ 5；

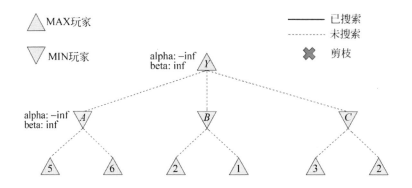

（2）返回到 A 節點，並更新其 beta ＝ min（inf，5）值為 5。此時 alpha ＝－ inf，beta ＝ 5，所以 alpha ＜ beta，繼續搜尋節點 A 的子節點。因為其下個子節點也是終止節點，所以返回收益 v ＝ 6；

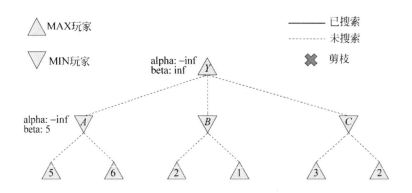

（3）返回到 A 節點。因為 6 ＞ beta ＝ 5，故 A 節點的 beta 值無改動；繼續返回 Y 節點更新其 alpha ＝ max（－ inf，5）值為 5。此時 alpha ＝ 5，beta ＝ inf，所以 alpha ＜ beta，繼續搜尋 Y 節點的 B 子節點的子節點；因為其第一個子節點是終止節點，所以返回收益 v ＝ 2。

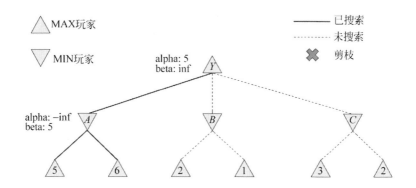

（4）返回更新 *B* 節點的 beta ＝ min（inf，2）值為 2，此時 alpha ＝ 5，
beta ＝ 2，所以 alpha ＞ beta，說明 MAX 玩家選擇 *B* 節點的最優策略值
不大於 beta ＝ 2，而同時 MAX 玩家可以透過選擇其他節點（此時為 *A*）
來獲得至少 alpha ＝ 5 的收益，因此 MAX 玩家必不選擇 *B* 節點，故無需
繼續搜尋 *B* 節點的其他子節點，可剪枝。

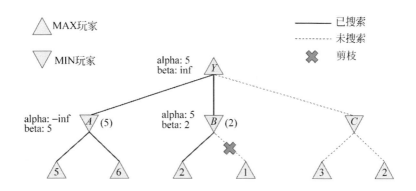

（5）返回更新 *Y* 節點的 alpha ＝ max（5，2），此時由於 5 ＞ 2，故
無需更新；此時 alpha ＝ 5，beta ＝ inf，alpha ＜ beta，繼續搜尋 *C* 節點

及其子節點。因為其第一個子節點是終止節點，所以返回收益 $v = 3$。

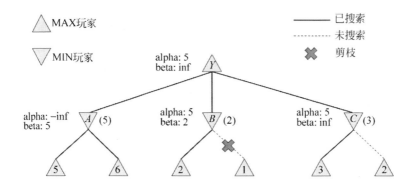

（6）返回更新 C 節點的 beta $= \min$（inf，3）值為 3，此時 alpha $= 5$，beta $= 3$，因而 alpha $>$ beta，故同樣無需繼續搜尋 C 節點的其他子節點，可剪枝。並返回到 Y，完成全部搜尋。

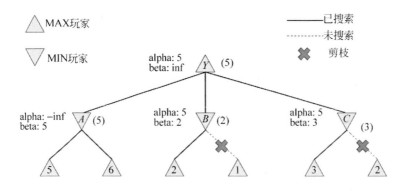

透過上面的例子可以看出，基於零和博奕中最優策略的性質，Alpha–Beta 剪枝搜尋透過避免不必要的節點搜尋，提高了算法的效率。

本章總結

本章介紹了人工智慧中基本的搜尋問題以及三類基礎算法,包括:
(1) 盲目搜尋,即沒有利用問題定義本身之外的知識,而是根據事先確定好的某種固定排序,依次調用行動,以探求到達目標的路徑。本章介紹兩種盲目搜尋算法:深度優先算法(DFS)與廣度優先算法(BFS)。
(2) 啟發式搜尋,利用問題定義本身之外的知識來引導搜尋,主要透過訪問啟發式函數,估計每個節點到目標點的代價或損耗。本章介紹兩種啟發式搜尋算法:貪婪搜尋算法與 A* 算法。(3) 對抗性搜尋,出現在多個智慧主體的對抗性博奕當中,在其他智慧主體透過搜尋尋找它們的最優解情況下,尋找最優策略。本章介紹了極小極大搜尋與 Alpha–Beta 剪枝搜尋兩個對抗性搜尋算法。

歷史回顧

搜尋算法在人工智慧研究的早期,即出現且展現其威力。Newell 和 Simon 分別在 1957 年和 1961 年將搜尋算法應用於軍事領域,包括早期的 GPS 等重要項目和研究。

盲目搜尋算法是 1960 ~ 1970 年代經典電腦科學和運籌學的中心問題之一。廣度優先搜尋最早由 Moore 於 1959 年正式提出,用於解決迷宮問題。1957 年由 Bellman 提出的動態規劃算法也可以視為廣度優先搜尋的一個變種。

啟發式搜尋最早可以追溯到 1958 年 Newell 和 Simon 有關啟發式訊息的論文。啟發式算法中經典的 A* 算法由 Hart、Nilsson 和 Raphael3 人在 1968 年提出,並由 Nilsson 在 1972 年做出修正。1985 年由 Korf 提出

的 IDA* 算法是對 A* 算法的進一步改進之一，能夠在給定內存限制的情況下執行，因此被廣泛採用。同樣基於 A* 算法的 D* 算法由 Stentz 於 1994 年提出，可以處理環境動態變化的情況。D* 算法被成功應用於火星探測器的尋路，且幫助卡內基美隆大學於 2007 年取得 DARPA 自動駕駛挑戰賽的冠軍。

最早的局部搜尋算法可以追溯到牛頓時代。由牛頓和 Raphson 分別獨立提出的牛頓法可以視為最早基於梯度的局部搜尋算法。局部搜尋算法在 1990 年代早期重新得到重視，並出現一系列基於爬山法的改進算法，如 1994 年提出的 Tabu 搜尋算法和 1997 年提出的 STAGE 算法等。

對抗式搜尋則與博奕論的發展密切相關。極小極大算法可追溯到 Ernst Zermelo 於 1912 年發表的論文，博奕論中大名鼎鼎的 Zermelo 定理也在該論文中提出。1956 年 John MacCarthy 最早構思了 Alpha–Beta 剪枝搜尋，並由 Hart 和 Edwards 於 1961 年正式提出。1979 年提出的 SSS* 算法對 Alpha–Beta 剪枝搜尋進行了改進，可被看成是 A* 算法對應的多智慧型版本。對抗式搜尋被廣泛應用於博奕問題的求解，包括西洋棋、圍棋、橋牌、德州撲克等。1958 年 Newell 等人最早在西洋棋程式 NSS 中使用了簡化版本的 Alpha–Beta 搜尋。1996 年，Deep Blue 使用並行化的 Alpha–Beta 剪枝搜尋，擊敗了西洋棋冠軍卡斯帕洛夫。2016 年，Alpha-Go 將蒙地卡羅樹搜尋與深度神經網路結合，成功擊敗了世界圍棋冠軍李世石。

搜尋問題是人工智慧研究的核心問題之一，目前已有許多成熟的結果，並在諸多實際問題中得到了廣泛的應用。但同時，領域內依然有若干深入的問題有待發展。結合實際問題，探索有效實用的搜尋策略，仍是研究和開發的一個活躍領域。

練習題

1. 給出如下問題的形式化（包括狀態空間，行動空間，初始狀態，轉移函數，代價函數，目標測試函數）：

(1) 使用四種顏色給一個平面地圖著色，要求每兩個相鄰的地區不能使用同一種顏色；

(2) 假設你有一個 3 公升的容器和一個 5 公升的容器（以及充足的水源），僅利用這兩個容器，精確地量出 4 公升水；

(3) 在西洋棋 8×8 的棋盤上放置 8 個皇后，要求每行、每列、每個斜線上只能有一個皇后；

(4) 農夫需要把狼、羊、菜和自己運到河對岸。只有農夫可以划船，且除農夫之外，每次只能運一種東西；同時如果沒有農夫看著，羊會吃菜，狼會吃羊。尋找一種方法，讓農夫能夠安全過河。

2. 探究桌子上放置的三個小方塊，我們允許三種操作：（a）將一個上層木塊放到桌子上；（b）將桌子上的木塊放到其他單個木塊上；（c）將一個上層木塊放到其他單個木塊上。且我們只允許移動木塊到相鄰的地方，如下圖所示。我們希望從如下初始狀態到達最終狀態，畫出深度優先搜尋樹和廣度優先搜尋樹，並標出搜尋順序。哪一種搜尋方法更適合這個問題？

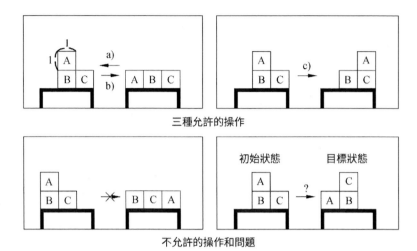

三種允許的操作

不允許的操作和問題

3. 探究顯示在下圖右邊的狀態空間圖。起始節點是 A，目標節點是 G。每條邊的代價顯示在下面的圖中，每條邊都是雙向的。下面的表格中包含三個啟發函數 h_1，h_2 和 h_3。

節點	啟 發 函 數		
	h_1	h_2	h_3
A	9.5	10	10
B	9	12	?
C	8	10	9
D	7	8	7
E	1.5	1	1.5
F	4	4.5	4.5
G	0	0	0

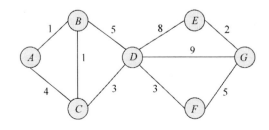

(1) 啟發函數 h_1 是單調的嗎？啟發函數 h_2 是單調的嗎？為什麼？

(2) 深度優先搜尋返回的路徑是什麼？

(3) 廣度優先搜尋返回的路徑是什麼？

(4) 貪婪搜尋用啟發函數 h_1 返回的路徑是什麼？

(5) 貪婪搜尋用啟發函數 h_2 返回的路徑是什麼？

(6) A^* 搜尋用啟發函數 h_1 返回的路徑是什麼？

(7) A^* 搜尋用啟發函數 h_2 返回的路徑是什麼？

(8) 怎麼設置 $h_3(B)$ 的值可以使得啟發函數 h_3 成為單調的？

(9) 怎麼設置 $h_3(B)$ 的值使 A^* 算法使用啟發函數 h_3 擴展節點 A，然後 C，B 和 D？

4. 探究顯示在下面的零和博奕樹。指向上的三角代表 MAX 玩家的選擇（比如根節點），指向下的三角代表 MIN 玩家的選擇。

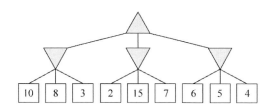

(1) 假設兩個玩家使用最優策略，填寫每個節點的收益值。

(2) 如果使用 Alpha-Beta 剪枝搜尋，哪些節點會被剪掉？如果沒有節點被剪枝，說明為什麼。假設搜尋是從左到右；當選擇訪問哪個子節點時，先選最左邊沒有被訪問的子節點。

5.「河內塔」源於印度的一個古老傳說。河內塔由若干個大小不等

的圓盤和 3 根柱子組成，玩法是將所有的圓盤從一根柱子轉移到另一根柱子上，但無論任何時刻，同一根柱子上較小的圓盤必須處於較大圓盤的上方。對於如下所示二階（即有 A 和 B 兩個圓盤的）河內塔問題，請用深度優先搜尋進行求解，並畫出搜尋過程的狀態變化示意圖。

進行搜尋的優先級如下：先嘗試移動第 1 根柱子上的圓盤，並盡可能放到第 2 根柱子上，若不行就嘗試放在第 3 根柱子上；如果不能移動第 1 根柱子上的圓盤，就嘗試移動第 2 根柱子上的圓盤，盡可能放在第 3 根柱子上，若不行就嘗試放在第 1 根柱子上；如果還是不行，就移動第 3 根柱子上的圓盤，盡可能放在第 1 根柱子上，若不行就放在第 2 根柱子上。

6. 現在有一個放有若干個小木塊的木盤：

如圖所示，有三個藍色木塊，兩個紅色木塊，最右側有一個空出的格子。遊戲的規定是：

（1）可以將一個木塊移入相鄰的空格，需要付出 3 的代價；

（2）可以將一個木塊跨過一個或兩個木塊移入空格中，需要付出（跨過木塊的數目＋ 4）的代價。

將所有紅色木塊移動到藍色木塊的左側，同時空格處於最左側或最右側遊戲結束。對這個問題，定義一個啟發函數 $h(n)$，並利用 A^* 算法進行求解，畫出所產生的搜尋樹。你的啟發函數是否滿足下界範圍？畫出的搜尋樹中，有沒有不滿足單調限制的節點？

7. 對下圖所示的博奕樹進行 搜尋，我們規定優先生成左邊節點。請在圖中標記發生剪枝的位置。

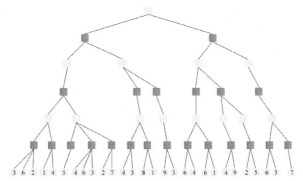

3 6 2　1 4　5　4 6 3　2 7　4　3 8 1　9 3　6 4　6 1　4 9　2 5　6 3　7

8. 現有如下圖的轉盤，每個圓盤都可以單獨轉動。如何轉動轉盤，使每個徑向上的四個數字和均為 10 ？

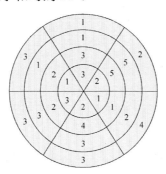

9. 現有 4×3 的方格，用 1，1，1，2，2，2，5，5，6，6，9，9 這 12 個數字填入方格中，使每行數字組成的 10 進制數的平方根為整數。找出可以利用的啟發訊息，設計啟發函數，並利用啟發式搜尋算法求解，分析搜尋空間的大小，給出搜尋簡圖。

10. 證明如下命題：在執行 A^* 算法時，優先隊列表中任何滿足 $f(n)$ 小於最優解的總損耗的節點 n，最終都將被拓展。

11. 證明在 A^* 算法中，當啟發函數具有單調性時，每一個節點只會

進入優先隊列表一次。

12. 兩個海盜決定玩一個遊戲：一人從 10 個金幣中輪流拿走 1 個或 2 個金幣，拿走最後一個金幣者贏。試透過博奕證明，先拿的人必勝，並簡要說明取勝策略。

13. 程式設計實現深度優先搜尋與廣度優先搜尋，以找到一個 $V = 10$ 的節點。分別嘗試使用這兩種方法解決下圖 1.15（a）和（b）中的兩個問題，兩種搜尋方式在找到目標之前，分別訪問了多少個節點？

提示：在實現兩種算法時，需規定訪問子節點的順序。該問題中規定：在遇到多個子節點時，優先訪問最左側未被訪問過的節點。

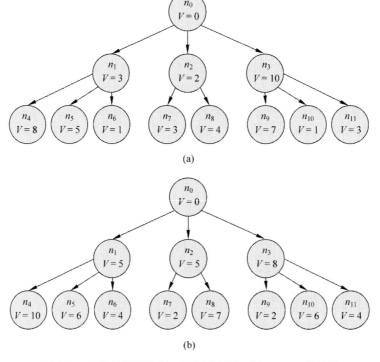

(a)

(b)

圖 1.15　2 棵待搜尋的樹，目的是找到一個 $V = 10$ 的節點

第 2 章

機器學習

引言

　　機器學習是人工智慧領域的一個重要組成部分，其基本想法是利用數據進行學習，而不是人工定義一些概念或結構。在這一章裡，我們將學習機器學習的核心框架，即監督式學習（supervised learning）。監督式學習的應用非常廣泛，目前也有很好的解決方案。從監督式學習出發，我們會介紹各種不同類別的數據集，包括訓練集、測試集等。正確地區分不同類別的數據集，是理解監督式學習的關鍵。

　　在理解各類數據集的基礎上，我們進一步介紹機器學習的相關概念，包括損失函數、優化、泛化等。其中，泛化是機器學習領域獨有的概念，也是判斷一個機器學習算法好壞的核心標準之一。接下來將介紹如何創建數據集，好的數據集是應用各種機器學習算法的重要基礎。在學術界，有很多公開的數據集可以下載使用。但是在現實生活中，針對不同的應用，人們往往需要從頭開始創建數據集。因此，了解創建數據集的核心想法非常重要。

　　除監督式學習以外，機器學習還包含其他的框架，例如無監督式學習（unsupervsied learning）和半監督式學習（semi-supervised learning）。這些都是非常有趣和重要的內容。但由於篇幅的限制，本章我們只重點介紹無監督式學習中的 K 平均（K-means）算法。

2.1　監督式學習的概念

　　監督式學習本質是一種模仿學習，其框架可以用圖 2.1 表示。

$$\text{Data}(X) \xrightarrow{f(x)} \text{Label}(Y)$$

圖 2.1　監督式學習

在這個框架裡，輸入為 X，輸出為 Y。我們的目標是學習一個目標函數 f，使得

$$f(X) \approx Y$$

注意到這裡用了約等於號，因為有時候精確的等式是很難獲得的，且有時輸出 Y 也不一定總是對的，所以能夠在絕大部分情況下做到兩者近似相等便十分不錯。X，Y，f 這三個元素構成了監督式學習的核心框架。

在此框架中，輸入 X 和輸出 Y 可以是任何內容，比如圖片、數字、聲音、文字……等。但對於具體問題，X 和 Y 的格式通常是固定的。例如，我們可以探究最經典的基於 MNIST 標準數據集的手寫數字識別問題，如圖 2.2 所示。

圖 2.2　MNIST 數字圖片示例

在這個問題中，每個 X 是一個 28×28 像素的圖片，例如 $\mathbf{2}$。Y 是 $\{0, 1, \cdots, 9\}$ 中的某個數字，表示這個圖片裡包含的數字是什麼。而 f 則是一個將輸入圖片中數字進行識別的函數。在理想情況下，f 應當有如下的表現：

$$f(\mathbf{2})=2 \qquad f(\mathbf{5})=5$$

　　注意到，f 的輸入是由像素組成的圖片，屬於 $R^{28\times28}$，而輸出的則是一個數字，屬於 $\{0，1，\cdots，9\}$。

　　另一個例子是經典的基於 Imagenet 數據集 [1] 的圖片分類問題。

　　在這個問題中，每個輸入為一張大小為 $224\times224\times3$ 的 RGB 彩色圖片，表示有紅、黃、藍 3 個顏色通道，每個通道分別是 224×224 個像素點。輸出則是一個類別編號（1 ～ 1,000），分別表示貓、狗……等，比如貓的類別編號是 3，狗的類別編號是 589。而 f 則是一個能對輸入圖片中的物體進行識別的函數。與前面的例子一樣，一個理想的 f 應當有如下的表現：

$$f(\;)=3 \qquad f(\;)=589$$

　　上述的框架不僅可以用於圖片識別，也可以應用在其他場景，比如電影的評價。這時，輸入 x 可以是影評，輸出 y 可以是判斷影評正面或負面，而一個理想的 f 應該有如下的表現：

$$f(「這部電影太有意思了」)=正面$$

$$f(「不要去看這部電影，純粹浪費時間」)=負面$$

　　上述的例子均為分類問題（classification），即將輸入 x 判別為某種類別，例如 A 類、B 類、C 類……等。對於這樣的問題，類別的總個數是有限的，也是事先固定的。但機器學習還有另一類問題，叫迴歸問題（regression），指的是把輸入 x 映射到某一個連續的空間（如實數軸）中。例如，若 x 表示人，可以將他 / 她根據性別分成兩類，這就是一個分類問題。但也可以根據他們的年收入做成一個迴歸問題，因為年收入是一個連續的數（當然，如果把年收入粗糙地分為 10 萬元以下、10 萬～

50 萬元、50 萬～ 100 萬元、100 萬元以上，那麼這個問題就是一個分類問題了）。分類問題與迴歸問題是監督式學習框架中最重要的兩類問題。第 3 章會介紹如何使用線性方法處理這兩類問題。

2.2　數據集與損失函數

　　一般來說，在面對機器學習問題時，會假設有一組標注好的數據，叫訓練集（training set）。一個訓練集通常包含大量的數據點，有時是幾十萬、幾百萬，甚至幾億。將數據點的個數記為 N，並將數據點記為 x_1，y_1，$\cdots$，x_N，y_N。其中 $X = (x_1, x_2, \cdots, x_N)$，稱為輸入數據（input data），$Y = (y_1, y_2, \cdots, y_N)$，稱為輸出數據（output data），它們一起構成了訓練集 (X, Y)。在圖片識別裡 y 也稱為標籤（label）。

　　從上一節的介紹，我們知道監督式學習的任務是透過數據集學習出目標函數 f。不過，如何判斷所學的目標函數好還是不好呢？要回答這個問題，需要先制定一個評價機制。簡單來說，根據數據給出的 x_i，y_i 組合，我們希望所學的函數 f 盡可能滿足 $f(x_i) = y_i$，或者至少 $f(x_i) \approx y_i$。根據這個原則，可以定義一個距離函數，用以表示 $f(X)$ 和 Y 的距離有多遠。在機器學習領域，這樣的距離函數叫損失函數（loss function）。

　　根據問題的不同，距離函數可以有多種定義。對於分類問題，即 y_i 表示某種類別，例如貓、狗、豬、雞，或正面、負面，或 0，1，2，$\cdots$，9，一個比較直觀的距離函數可以這麼定義：

假如 $f(x_i) \neq y_i$，$1(f, x_i, y_i) = 1$

假如 $f(x_i) = y_i$，$1(f, x_i, y_i) = 0$

這裡的 1 和 0 都是相對的數值，具體大小並不重要。重要的是我們對判斷目標函數的正確與否給出了明確的判定準則。儘管這樣的距離函數非常直觀，但由於它不可導，很難在現代機器學習中被當成損失函數來用，因為難以對其使用優化算法。具體的細節會在後面章節詳述。對於一般的迴歸問題，y_i 是實數，因此距離函數的選擇就更為簡單。最常用的選擇就是平方距離（square loss），即 $l\,(f , x_i , y_i) = (f(x_i) - y_i)^2$。

定義了距離函數之後，我們對整個訓練集定義一個損失函數，其為所有損失函數的平均值，即 $L(f , X , Y) = \dfrac{1}{N} \sum_i l(f , x_i , y_i)$。舉個簡單的例子，比如，我們假設有 5 個點，對應 5 個不同的 y：$x_1 = (1 , 0)$，$x_2 = (0 , 0)$，$x_3 = (0 , 1)$，$x_4 = (-1 , 0)$，$x_5 = (0 , -1)$，$y_1 = 3$，$y_2 = 3$，$y_3 = 5$，$y_4 = -2$，$y_5 = 5$。如果我們使用一個簡單的線性函數，$f(x) = ax_1 + bx_2$，且使用平方距離作為損失函數，則最後的總損失函數定義為

$$\frac{1}{5}\left[(a-3)^2 + 3^2 + (b-5)^2 + (-a-2)^2 + (-b-5)^2 \right]$$

接下來，對目標函數 f 的學習可以具體表示為求 $f = \min_f L(f , X , Y)$。找到這樣的 f 函數過程，叫作優化（optimization，最適化），下一章將會簡單提及。這裡要強調的是，僅進行優化其實是不夠的，還需要保證所學函數的泛化能力。這一點將在 2.3 節進行詳細介紹。

2.3　泛化

在上面的損失函數介紹中，假如定義一個極為複雜的函數 f，使得輸入為 x_i 時，f 輸出 y_i，否則輸出 0，那麼很容易可以發現，在訓練集上一定會有損失函數 $L(f , X , Y) = 0$！可是，這個函數除了將訓練數據記

憶下來之外，並沒有做任何其他事情。也就是說，這個函數 f 包含的訊息和訓練集包含的訊息是一樣的，它沒有學習訓練數據的任何特徵，也沒有任何智慧可言。

這個例子提醒我們，一個好的函數 f 不僅需要在訓練數據上表現很好，可以得到一個很小的損失函數（即擬合能力），同時它需要有很強的舉一反三、歸納推廣的能力。換句話說，對於在訓練時沒有見過的數據，它也需要有比較好的表現。這樣的能力稱為泛化（generalization）。一個具有泛化能力保證的 f，才是一個真正有意義的目標函數。

事實上，如何才能確保具有泛化能力是機器學習領域一個非常核心的問題，科學研究領域也有大量的理論成果，但目前並沒有放之四海而皆準的方法。在實際應用中，一個比較有效的方法是驗證（validation）。具體來說，驗證是把數據集分成 2 塊，一塊（通常占 90%～ 95%左右）叫做訓練集；而另一塊（一般占 5%～ 10%左右）叫做驗證集（validation set，又稱調優集）。接下來，在訓練時只使用訓練集進行訓練；然後在使用測試集之前，先在驗證集上面看看算法的泛化效果。由於訓練時算法並沒有見過驗證集，訓練結束後它在驗證集上的表現可以視為一個比較好的泛化能力估測。至少，單純對訓練集合進行死記硬背，難以在驗證集上得到比較好的表現。

在驗證方法的基礎上，人們還進一步提出了交叉驗證（cross validation，又稱交叉調優）的思路。其具體做法如圖 2.3 所示，其中白色表示訓練使用的數據，灰色表示剔除的數據。每次訓練剔除不同的數據，並根據得到的函數在剔除數據上的表現得到泛化能力的估計。

如圖所示，交叉驗證將訓練集分成 k 份，然後相應地訓練出 k 個不同的函數 $f_1, f_2, \cdots, f_k$。這裡，在訓練函數 f_i 時，剔除了第 i 份數據（將

其當做驗證集），只用其他的 $k-1$ 份數據。由於每個函數都會剔除不同的數據進行訓練，最後也使用不同的數據進行驗證，我們得到了一個目標函數訓練方法的穩健泛化能力分析。最後，可以根據 f_1，f_2，$\cdots$，f_k 在對應驗證集合上的表現，確定最好的參數方案。使用這個參數方案對整個訓練數據進行訓練之後，就可以得到最後的 f 函數。

舉個例子，假設我們將數據分成 4 份，如圖 2.3 所示（$K=4$），分別叫做 $(X_1，Y_1)$，$(X_2，Y_2)$，$(X_3，Y_3)$，$(X_4，Y_4)$。

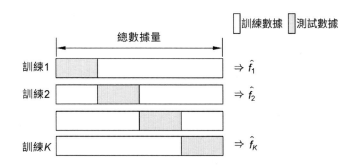

圖 2.3　交叉驗證示意圖

第 1 輪：在 $(X_2，Y_2)$，$(X_3，Y_3)$，$(X_4，Y_4)$ 進行訓練，得到函數 $\hat{f}_1$ 及 $\hat{f}_1$ 在 $(X_1，Y_1)$ 上的損失函數值 $L(\hat{f}_1,X_1,Y_1)$；

第 2 輪：在 $(X_1，Y_1)$，$(X_3，Y_3)$，$(X_4，Y_4)$ 進行訓練，得到函數 $\hat{f}_2$ 及 $\hat{f}_2$ 在 $(X_2，Y_2)$ 上的損失函數值 $L(\hat{f}_2,X_2,Y_2)$；

第 3 輪：在 $(X_1，Y_1)$，$(X_2，Y_2)$，$(X_4，Y_4)$ 進行訓練，得到函數 $\hat{f}_3$ 及 $\hat{f}_3$ 在 $(X_3，Y_3)$ 上的損失函數值 $L(\hat{f}_3,X_3,Y_3)=0.05$；

第 4 輪：在 $(X_1，Y_1)$，$(X_2，Y_2)$，$(X_3，Y_3)$ 進行訓練，得到函數 $\hat{f}_4$ 及 $\hat{f}_4$ 在 $(X_4，Y_4)$ 上的損失函數值值 $L(\hat{f}_4,X_4,Y_4)=0.15$。

則最後得到的交叉驗證結果為 $\dfrac{0.1+0.2+0.05+0.15}{4}=0.125$。這是對我們的訓練方法比較綜合的估計。

為什麼要構造驗證集呢？這是因為在實際生活過程中，人們通常無法接觸到測試數據，也不能等到測試的時候再修改訓練算法和參數。於是人們從訓練數據中挑選一部分當做模擬測試數據，並根據它們來決定訓練算法和參數（驗證）。這是實際中常用的技巧。

監督式學習的幾個步驟總結如下：

(1) 確認目標問題；

(2) 創建數據集，包含成千上萬的數據點 x_i，y_i，其中 x_i 為輸入，y_i 為輸出；

(3) 針對問題選擇一個好的機器學習模型 f；

(4) 定義一個合適的損失函數 L 度量 $f(X)$ 和 Y 的距離；

(5) 以損失函數為指標，使用優化算法尋找 f 的參數組合；

(6) 確定 f 具有非常強的泛化能力。

下面用一個簡單的例子來具體描述這個流程。假設我們希望學習判斷圖片中的物體是貓還是狗。首先需要找到一個訓練集，它裡面的圖片不是貓就是狗，且已經標注好，如圖 2.4 所示。

接下來，指定一個具體的機器學習模型，用函數 f 表示。這個模型可以是線性模型、決策樹模型或神經網路等（在後續的章節中會詳細介紹）。根據輸入圖片 x，模型 f 可以得到一個預測 $f(x) \in \{$貓，狗$\}$。然後，設計一個損失函數 L 來表示這個預測與真實答案的距離（後面會看到，對於這樣的分類問題，交叉熵是一個比較好的損失函數）。

圖 2.4　狗和貓的圖片

確定損失函數之後,選擇優化算法(如常用的梯度下降法,會在第 3 章中詳細介紹)對模型進行優化。為了確保模型的泛化性能,一般會在訓練之前從訓練集中隨機選出一部分圖片組成驗證集,在訓練完成之後,測試模型 f 在驗證集上面的表現,作為模型泛化能力的一個估計。

最後,再次強調,在訓練過程中,算法不應以任何方式觸碰測試集,無論是只看測試集的輸入 x,還是用部分的 (x, y) 進行訓練。這樣會對測試數據造成汙染,導致無法測試出算法的真實表現。這是初學者常犯的錯誤,請大家一定要牢記在心。

2.4　過度擬合與低度擬合

在理解了監督式學習的總體框架後,下面介紹一些其他的相關概念。

訓練損失(training loss):$L_{train} = L(f, X_{train}, Y_{train})$ 是對訓練集的損失函數,其中 X_{train}, Y_{train} 稱為訓練集。

測試損失(test loss):$L_{test} = L(f, X_{test}, Y_{test})$ 是測試損失,其中 X_{test}, Y_{test} 為測試集(test set)。

驗證損失:$L_{valid} = L(f, X_{valid}, Y_{valid})$ 是從測試集中拆分出來的驗證集損失。

通常來說，我們認為訓練集、測試集和驗證集都是從同一個母體分布（population distribution）中採樣得到的。記這個母體分布為 $DX，Y$，並定義母體分布損失（population loss）

這裡 $(X，Y) \sim D_{X，Y}$ 表示 $X，Y$ 是服從 $D_{X，Y}$ 分布的。

$$L_{總} = E_{(X,Y)\sim D_{X,Y}} L(F，X，Y)$$

從上面的介紹和定義不難看出，我們真正的目標是使 f 取得一個比較小的 $L_{總}$，即 f 在母體分布上有很好的表現。但在絕大部分情況下，由於沒有 $D_{X，Y}$ 的訊息，人們會使用 L_{test} 對 L 總進行估計，並根據 L_{test} 進行訓練。在後續的學習中，默認以 L_{test} 為目標進行訓練（實際中也是如此），但請記住 $L_{總}$ 才是最核心的目標。

由於在訓練中只看得見 L_{train} 而不知道 L_{test}，如何能確保自己訓練出的模型能有比較好的表現呢？在實際中，這一步透過驗證來解決。除此之外，關於 L_{train} 和 L_{test} 的關係，有一個經典的過度擬合（overfitting）和低度擬合（underfitting）的說法。下面用圖 2.5 中的分類例子進行介紹。

從圖 2.5 可以直觀地看到，圖（a）是過度擬合，圖（b）是最優擬合，圖（c）是低度擬合。下面進行具體說明。圖（a）為了讓函數在訓練集中表現得很好，使用了一個非常複雜的曲線，完美地把 2 種類型的點分割開來。但是，這並不意味著這個曲線真的最好。導致這種情況發生的可能是訓練數據中存在噪聲（雜訊），也可能是這些點並不能夠代表真正的母體分布。因此，雖然複雜的曲線能提供最好的 L_{train}，但它不一定能最小化 $L_{總}$。反之，圖（c）用簡單的直線對數據進行擬合。但由於直線過於簡單，很難將 2 類點分得非常好，因此在 L_{train} 和 L_{test} 上均無法得到優異表現，導致低度擬合。

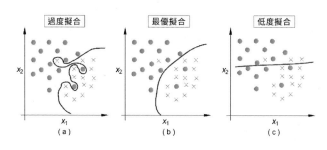

圖 2.5　過度擬合

（ a ）、最優擬合（ b ）、低度擬合（ c ）示意圖

　　中間的函數可以說恰到好處。它既沒有為了迎合所有的訓練數據而變得過於複雜，又不像直線那樣過於簡單。且除了為數不多的幾個點，它幾乎能將所有的點正確分類。直觀地說，這種分類器 f 就是最理想的，因為它在母體分布上應當會表現得非常好。

　　整體來說，過度擬合和低度擬合是一個函數複雜程度與在訓練集上表現的權衡取捨。通常我們不希望使用表達能力過度的複雜函數，因為擔心它們無法在測試集上得到非常好的表現。但近年來隨著深度學習的不斷發展，人們也開始反思這個想法是否真的正確。因為神經網路雖然表達能力很強，但在實際過度擬合的問題中，其實沒有想像的那麼大。的確，過度擬合可能導致目標函數泛化性能不好，但函數表達能力強只是過度擬合的一個必要條件，卻不是充分條件。如果過度擬合的情況發生，說明我們使用了表達能力非常強的函數；但使用表達能力非常強的函數，卻不一定導致訓練結果是過度擬合的。

　　不過，在某些情況下，如果確實因為函數的表達能力過度而導致過度擬合發生，我們需要採取一些措施來降低過度擬合的影響。這個過程被稱為正則化（regularization）。正則化針對問題的具體特點，採用不同的方法，降低函數的表達能力。這一點會在第 3 章進行具體介紹。

2.5 創建數據集

現代的機器學習算法，如深度學習等，往往需要大量的數據，比如超過百萬個數據點。如何確保能構建這麼大的數據集呢？

首先是輸入的採集。如果僅需要蒐集圖片、文字，可以考慮從網路上獲取。但如果要獲取含有隱私訊息的數據，例如病歷、生活習慣、日常決策等數據，就會非常困難。不過這一步通常面臨的不是技術上的困難，因此這裡不做進一步討論。

接下來，假設已經蒐集了 N 條數據，記為 $X = (x_1, x_2, \cdots, x_N)$。那麼，如何找到對應的 $Y = (y_1, y_2, \cdots, y_N)$ 呢？當數據量 N 很大時，單靠幾個人的力量是遠不足夠的。這時，一個可行的方法是使用雲端資源（cloud sourcing）。雲端資源是透過網路的力量，讓成千上萬的人共同參與對數據的標注工作。一般會搭建一個網路平臺，將數據的標注工作分成成千上萬個小任務進行發布。

任何用戶只要透過網路平臺完成任務，便可得到對應的報酬。儘管雲端資源的想法聽起來非常簡單，但要高品質地完成任務，還需要克服許多困難。例如，如何檢測胡亂標注的情況，如何獎勵認真準確但效率較低的用戶，這些都需要良好的機制設計。

下面，圖 2.6 中透過 COCO 數據集的標注流程，簡單地介紹一下雲端資源的實現。

圖 2.6　COCO 數據集示意圖

　　在這個數據集中，需要同時標注圖片中物體的類別與輪廓。如上所述，雲端資源的做法是流水線化生產，將整個標注任務分成許多小步驟，讓每個用戶在同一時刻只做一個步驟。圖 2.7 是 COCO 數據集的拆分方式。

圖 2.7　標注任務示意圖

　　具體來說，在 COCO 數據集中，任務被分成了 3 步：第 1 步，標注圖片中有什麼物體，並將每個物體大概拖動到具體的位置；第 2 步，標注每種物體有多少個，並標注物體的中心；第 3 步就是根據這些中心，對輪廓進行詳細地描劃。根據 COCO 官方統計，採用這樣的方法標注數據集，比 Imagenet 標注的代價小了許多。由此可見，設計科學的方法來標注數據，其實是非常重要的。

　　除了雲端資源，另一種常見的方法是填驗證碼。填驗證碼是很多網路在用戶註冊或登錄等行為時所要求的操作，目的是判斷當前的操作是否為機器自動進行。reCAPTCHA 公司從這個小地方看到了商機，成功地

把這個任務轉換成數據集生成的工具。圖 2.8 是具體的例子。

如圖 2.8 所示，想要通過驗證，用戶需要正確填寫圖中的兩個詞。但其實這兩個詞中，有一個是系統知道正確答案的，而另一個是從英文書中摘選的片段。系統希望透過這樣的方式，讓用戶幫其正確標注另一個未知部分的內容。如果用戶將系統已知的詞填對了，系統會認為這是一個人類用戶，且該用戶對另一個詞的標注也是相對準確的。接下來，系統將所有人類用戶對該詞的答案進行統計和處理，並選出最後的正確答案。這個機制只會占用單個用戶一點點時間，但卻可以把全世界幾百萬，甚至上億的用戶聚集到一起，進行數據標注，它能高效地完成標注任務。

圖 2.8　ReCaptcha 舉例

當然，這個模式也不一定適合所有任務。例如醫療、法律、教育等領域的任務，需要高度的專業知識，因此無法簡單地透過網路雲端資源進行標注。如何對這些專業知識進行標注，是人工智慧現代化進程面臨的重要問題之一。

2.6　無監督與半監督式學習

除了監督式學習以外，機器學習還包含另外兩個重要的模組：無監督式學習（unsupervised learning）和半監督式學習（semi–supervised learning）。它們與監督式學習的主要差別在於數據是否有標注。如果對所有的輸入數據 x，正確地輸出數據 y，則稱為監督式學習；如果對所有的輸入數據 x，都沒有輸出數據 y，則稱為無監督式學習；如果有些輸入數據有對應的輸出，有些沒有，則稱為半監督式學習。

　　因為數據標注工作往往非常繁瑣、費力，無監督式學習和半監督式學習在實際中都比較常見。不過人們發現，雖然在沒有數據標注 y 的情況下，任何關於標注的預測學習都難以實現，但我們仍然可以完成一些重要的計算。下面用圖 2.9 中的簡單例子，介紹最常見的一個無監督式學習任務，叫做聚類（clustering）。

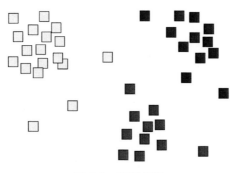

圖 2.9　聚類舉例

　　所謂聚類，就是對給定的數據按照某個標準分類。這種問題非常常見，例如我們會對用戶人群進行分類；對考試出現的題型進行分類；對動、植物進行分類……等。雖然這種分類問題不一定有統一或確定的答案，例如可以把用戶人群按照收入分成 3 類，也可以按照年齡分成 5 類，或用別的標準分類……等。但適當的分類可以讓我們對數據有更加清晰的認識，提高算法的運行效率，或者快速找到相似的數據。

　　以圖 2.9 為例。首先，我們注意到圖中包含了很多個沒有標籤、

只有位置訊息的點。這時，可以根據點與點之間的距離，把它們分成 3
類，分別標成黃色、藍色和紅色。這個聚類結果並不唯一，這是因為雖
然大部分點確實形成了一個聚類，但在邊緣上的點，其歸屬並不非常明
確。在圖 2.9 的例子中，注意到最邊緣的黃色點，其實也可以被標成別
的顏色。

　　下面介紹一個常見的聚類方法 —— K 平均算法，用以將給定點集分
成 K 個聚類（K 為事先設定）。K 平均算法的目標是找到一個聚類方案，
使得它包含 k 個聚類，且各個聚類的點到其中心的平均距離盡可能小。
具體來說，假設第 i 個聚類 S_i 的中心點是 c_i，則 K 平均算法的目標是找
到一個聚類分割方案，使得 $\sum\limits_{i=1}^{k} \sum\limits_{x \in S_i} \| x - c_i \|^2$ 最小。

　　當然，要找到這個問題的最優解非常困難，K 平均算法是解決這個
問題的一種啟發式算法。

　　K 平均算法的具體步驟如下：

　　(1) 隨機選取 K 個中心點作為初始值；

　　(2) 對於數據集中的每個點，分別找離它最近的中心點，將其歸為
相應的聚類；

　　(3) 根據已有聚類的分配方案，對每個聚類（包括中心點和數據
點）重新計算最優的中心點位置。具體來說，最優的中心點位置應該是
該聚類所有數據點的平均位置。

　　(4) 重複步驟 (2) 和步驟 (3)，直到算法收斂，即中心點的位置與
聚類的分配方案不再改變。

　　步驟 (1) 中隨機選初始值非常重要。這是因為採用固定的方法選擇
中心點很容易會遇到一些特殊情況，導致 K 平均算法給出較差的結果。

透過採用隨機選擇的方法，可以有效降低出現這種情況的機率。另外，
隨機選擇也保證可以透過重複 K 平均算法選取最好的結果。

圖 2.10 是一個 K 平均算法運行的例子。

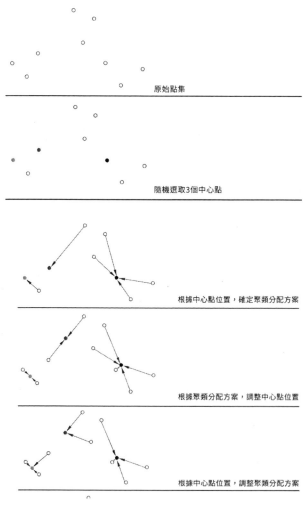

圖 2.10　K 平均算法舉例

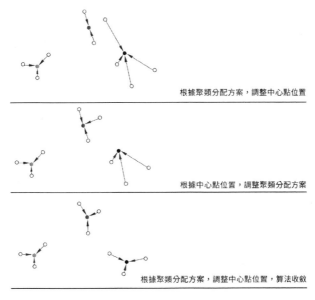

根據聚類分配方案,調整中心點位置

根據中心點位置,調整聚類分配方案

根據聚類分配方案,調整中心點位置,算法收斂

圖 2.10(續)

　　由於 K 平均算法是一個啟發式算法,它不一定總能找到最優的解。但在實際運行過程中,它往往能給出較好的聚類分配方案。同時,也可以證明 K 平均算法一定會收斂,因為它每次給出的聚類分配方案中,每個點到中心點的距離都在不斷減小。

本章總結

　　本章重點了解監督式學習的框架。在監督式學習中,需要定義訓練集與測試集,找到合適的模型 f,定義合適的損失函數;同時需要保證最後得到的參數不僅在訓練集上表現很好,且在測試集也表現優秀,即擁有出色的泛化能力。為保證這一點,在訓練的過程中,可以使用驗證集合對訓練參數進行調整。另外,我們也簡單學習了創建數據集的基本思路,並介紹了無監督式學習框架下的 K 平均算法。

歷史回顧

　　機器學習這個方向有很多經典的教科書，感興趣的同學可以在課後閱讀。例如，Christopher Bishop 的 *Pattern Recognition and Machine Learning*；Shai Shalev-Shwartz 和 Shai Ben-David 的 *Understanding Machine Learning: From Theory to Algorithms*；Trevor Hastie，Robert Tibshirani 和 Jerome Friedman 的 *The Elements of Statistical Learning* (*Second Edition*)。

練習題

　　1. 監督式學習的輸入為 X，輸出為 Y，我們的目標是學習一個函數 f，使得

$$f\ (X) \approx Y$$

請舉一些現實生活中的例子，說明 X 和 Y 可以是什麼？對於給定的 X 和 Y，是否存在唯一的最優解 f ？

　　2. 請簡單描述優化和泛化的差別。

　　3. 過度擬合和低度擬合的差別是什麼？

　　4. 除了本章介紹的損失函數外，你覺得還有什麼函數能作為損失函數？$L\ (f，x，y') = f\ (x) + y'$ 是一個好的損失函數嗎？為什麼？

　　5. 請計算以下 1 維無監督分類問題，已知數據點為 1，2，3，6，7，9，請隨機選擇初始點，利用歐氏距離作為距離函數，使用 K 平均算法計算二分類問題。

　　6. 請計算以下二維無監督分類問題，已知數據點為 (0，0)，(2，

0)，（1，9），（3，1），（1，8），（5，6），請隨機選擇初始點，利用歐氏距離作為距離函數，使用 K 平均算法計算 3 分類問題。

7. 在第 5 題和第 6 題中，如果改變距離函數（例如變成 L1 範數或者其他距離函數），對最後的結果會有什麼影響？

8. 請找到一個例子，使 K 平均算法在不同的初始點下，得到的結果是不同的。

9. 多重選擇題

機器學習處理的問題包括（　）

A. 無監督式學習

B. 半監督式學習

C. 監督式學習

D. 有序學習

10. 單一選擇題

我們希望一個在訓練集上表現良好的模型，在測試集上也有較好的表現，這種性質叫做（　）

A. 優化

B. 泛化

C. 擬合

D. 表達

11. 論述題

在迴歸問題中，我們只能選擇平方距離作為損失函數。

12. 論述題

為了提高泛化性，我們經常需要從訓練集中分出一部分作為驗證集。

13. 論述題

一般而言，較簡單的模型更容易低度擬合；較複雜的模型更容易過度擬合。

---

(1)　http://imagenet.org/index.

第 3 章

線性迴歸

引言

在第 2 章，我們學到監督式學習的基本框架。在本章，我們會學到監督式學習中最基礎的線性模型。線性模型雖然簡單，但是在很多地方有廣泛應用，因為它具有很強的可解釋性及較穩定的泛化表現。例如，在經濟學與其他社會科學領域，線性模型仍然是最為常用的模型。線性模型可以用來分析資本存量、人均受教育程度等與經濟增長的關係，或根據市場訊息預測價格變動。本章將基於線性模型的概念，介紹梯度下降法，它不僅可用於線性模型，也適用於絕大部分機器學習算法，是機器學習領域最為常用的優化算法。

根據目標問題的不同，線性模型可以分為兩種：線性迴歸與線性分類。它們的差別在於：問題的輸出是一個連續的實數，還是一個離散的類別。我們先從較為簡單的線性迴歸問題學起，然後思考如何將一個線性迴歸對應的函數，轉換為一個線性分類問題對應的函數。這樣的轉換技巧在機器學習領域十分常見。同時，為了更能度量離散情況下模型預測值的好壞，我們將會介紹交叉熵，它比其他損失函數更容易優化。最後，將從泛化的角度，介紹常用的正則化方法，使線性迴歸問題的解可以滿足一些特殊的性質，例如模長較小（即解 w 對應的向量長度$\|w\|_2$）或者比較稀疏等。因為線性迴歸問題可以很容易地轉換為線性分類問題，正則化方法也同樣適用於線性分類問題。

3.1　線性迴歸

假設我們希望預測某城市的房價，即得到房子價格 y 與它的建築面積、離市中心的距離和建造時間的關係（可以用一個三維向量 x 來表

示）。透過觀察可以得到許多組（x，y）的數據，分別表示不同房子的情況，這些數據可以作為訓練集合。接下來，我們希望訓練一個模型，透過已知新房子的建築面積、離市中心的距離和建造時間，對它的價格進行預測。

我們先介紹線性迴歸（linear regression）。線性迴歸是用一條直線對數據進行擬合，圖 3.1 展示了一個簡單的線性迴歸例子。在上面房價預測問題中，我們想要找到一個三維向量 $w = (w_1，w_2，w_3) \in R^3$ 和一個偏置 b 用來表示直線 $f_{w,b}(x) = wTx + b$。這裡 w 是直線的斜率（slope），表示建築面積、離市中心的距離和建造時間 3 個因素對房價影響的大小；b 是直線的偏置（bias），表示該城市的基本房價。注意到，我們可以對數據 x 進行改造，變成 $x' = [x，1]$，即在後端添一個 1，將輸入變成一個四維向量。同時，可將 w 和 b 拼在一起，也變成一個四維向量，記作 w'。經過變換以後，有 $w^T x + b = [w，b]^T [x，1] = (w')^T x'$。由此可知，我們總是可以忽略掉函數的偏置，而只考慮一個普通的、僅帶斜率的線性函數 $f_{w'}(x') = w'^T x'$。

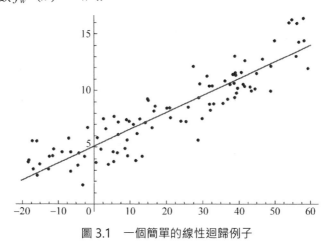

圖 3.1 一個簡單的線性迴歸例子

對於線性迴歸問題，常用的損失函數是平方損失，即

$$L(f,x_i,y_i) = \frac{1}{2}(f(x_i) - y_i)^2$$

這裡的 $\frac{1}{2}$ 是為了便於計算導數引入的係數，可以暫時忽略它。總體的損失函數就是

$$L(f,X,Y) = \frac{1}{2}\sum_{i=1}^{N}(f(x_i) - y_i)^2$$

在房價預測的例子中，損失函數刻劃了在使用 f_w 函數進行預測時，得到的結果與真實房價的偏差。我們希望能夠找到一個 f_w，使這個偏差值越小越好。

使用正規方程（normal equation）的方法，可以得到上述平方損失函數 L 的精確最小解，即 $w^* = (X^TX)^{-1}X^Ty$（具體推導的過程這裡就不多介紹了）。其中 $X \in R^{n \times d}$ 矩陣是把所有的數據 x_i 按列存好的矩陣，$y \in R^n$ 是表示所有 y_i 的向量。這裡假設矩陣 X^TX 可逆，如果 X^TX 不可逆，則可以使用矩陣的偽逆計算，這裡不作展開。雖然正規方程的形式非常優美，但如果 X^TX 是一個非常大的矩陣，求 X^TX 的逆會需要大量的計算時間。這時，人們往往會使用梯度下降法尋找 L 的最小解，在下一節會看到，梯度下降法運行的速度快很多。

在線性迴歸問題中，稱輸入的不同維度叫做特徵（feature）。例如，在房價預測的例子中，特徵就是指建築面積、離市中心的距離和建造時間。當然，我們還可以加入別的特徵，比如房子是否為學區屋、是否為二手屋、是第幾層樓、屋主的年齡等。這其中，有些特徵是比較重要的（例如學區屋），有些則不太重要（例如屋主的年齡）。對大部分機器學習的問題而言，如果能準確挑選出它們的重要特徵，那麼線性迴歸算法會有很好的表現。但重要特徵的挑選往往是非常困難的。

舉個例子，假設希望擬合如下的三次函數：

$$y = 5a^3 + 6bc + 12d$$

對於這個問題，可以採用不同的方式進行數據集的構造。最簡單的方法，就是針對不同取值的 $x = (a, b, c, d)$，得到具體的 y。然而，對於這個數據集，線性迴歸是無法好好進行擬合的，因為線性迴歸只能表示出 a, b, c, d 的線性函數，而無法擬合非線性的高次函數。

但如果已知目標函數為三次函數，且在數據集的輸入維度中加入一些額外的內容，那麼線性迴歸可以得到精確的解。例如，如果數據集的輸入 x 包含 $(a, b, c, d, a^2, a^3, ab, bc, ac)$ 9 個維度（特徵），那麼 $w = (0, 0, 0, 12, 0, 5, 0, 6, 0)$ 就是線性迴歸問題的精確解。透過這個簡單的例子可以看出，如果能找到正確的重要特徵，線性迴歸就可以解決這個問題。在第 5 章將會看到神經網路可以用來自動提取特徵。

3.2 優化方法

機器學習中許多問題的求解，均使用梯度下降法（gradient descent），這是一個簡單的疊代算法。具體說來，在第 t 個時刻，做如下的操作：

$$w_{t+1} = w_t - \eta_t \nabla L (w_t)$$

其中，η_t 是第 t 時刻的步長，也稱學習率（learning rate），代表這一步的更新需要往前走的距離。實際應用中，在不同時刻調整步長的大小是比較重要的，例如一開始可以使用較大的步長，而即將結束時可以使用較小的步長（就好像打高爾夫球一樣，第一桿要用大一點的力氣讓球走得遠一點，而離球洞較近的時候則需要小心平推，少走一點距離）。不過

在下文中為了方便討論，有時我們會在所有時刻取相同的步長，用 η 表示。$\nabla L\,(w_t)$ 是損失函數 L 的一個導數方向。

梯度下降法通常需要疊代多次，直到導數 $\nabla L\,(w_t)$ 的長度為 0，此時稱算法收斂，或者跑完預設的運行步數。收斂的含義是在這種情況下，即使繼續運行梯度下降法也會得到 $w_{t+1} = w_t\,(\nabla L\,(w_t) = 0)$，即算法不會再改變 w 的值。

以下探究一個簡單的二次函數 $L\,(w) = \dfrac{w^2}{2}$，導數 $\nabla L\,(w) = w$。假設步長 η_t 取為 0.1，初始值 $w_0 = 1$。下式顯示了梯度下降法的運行結果：

$$w_1 = w_0 - 0.1w_0 = 0.9, \quad L\,(w_1) = \frac{0.9^2}{2}$$

$$w_2 = w_1 - 0.1w_1 = 0.81, \quad L\,(w_2) = \frac{0.9^4}{2}$$

$$w_3 = w_2 - 0.1w_2 = 0.729, \quad L\,(w_2) = \frac{0.9^6}{2}$$

$$w_t = w_{t-1} - 0.1w_{t-1} = 0.9^t, \quad L\,(w_{t+1}) = \frac{0.9^{2t}}{2}$$

可以看到，w_t 將會不斷趨近最優解 0，同時損失函數也會不斷趨近最優值 0。

梯度下降法其實是一個貪心算法：每次都選擇局部的一個導數方向，嘗試用降低函數值最快的方法來更新 w，希望最後能找到函數的最小值。一般來說，這個方法並不一定每次都能成功。圖 3.2 是兩個梯度下降法的示意圖。

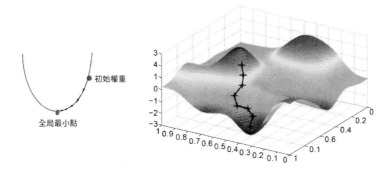

圖 3.2 梯度下降法示意圖

我們可以用泰勒展開來理解梯度下降法。使用函數 $f(w)$，並在 wt 處展開，

$$f(w_{t+1}) = f(w_t) + \langle \nabla f(w_t), w_{t+1} - w_t \rangle + \frac{1}{2}(w_{t+1} - w_t)^T \nabla^2 f(\xi)(w_{t+1} - w_t)$$

其中 ξ 為 w_t 與 w_{t+1} 之間的一個點。

以下假設對任何點 w，$\nabla^2 f(\xi)$ 的特徵值均不超過 L。這是一個很常見的假設，許多函數都滿足這個性質。$\nabla^2 f(\xi)$ 特徵值的大小決定了函數導數的變化速率。因此，$\nabla^2 f(\xi)$ 的特徵值不超過 L，說明函數 f 導數的變化速率不超過 L。因為 L 的大小說明了函數的變化速率，我們稱這個假設為函數的光滑性假設。基於這個假設，可得到下面的不等式

$$f(w_{t+1}) - f(w_t) \leqslant \langle \nabla f(w_t), w_{t+1} - w_t \rangle + \frac{L}{2} \| w_{t+1} - w_t \|^2$$

此時，代入 $w_{t+1} = w_t - \eta \nabla f(w_t)$ 的定義，有

$$f(w_{t+1}) - f(w_t) \leqslant \langle \nabla f(w_t), -\eta \nabla f(w_t) \rangle + \frac{L\eta^2}{2} \| \nabla f(w_t) \|^2$$

$$= -\eta \left(1 - \frac{L\eta}{2} \right) \| \nabla f(w_t) \|^2$$

因此，只要設置 $\eta < \frac{2}{L}$，就可以保證 $f(w_{t+1}) - f(w) \leqslant 0$。換句話說，函數值是隨著疊代次數 t 的增加而不斷下降的。

上述推導的直觀含義是什麼呢？如上所述，函數 f 導數的變化速率不超過 L，也就是說，函數在緩慢局部變化。因此，可以估計在當前點的一段距離之內，函數的導數不會有太大變化；且朝著導數方向函數值一定是會下降的。這段距離的長度與 L 的大小有關：L 越大，說明函數導數變化速度越快，那麼距離越短；L 越小，則說明函數導數變化速度越慢，那麼距離越長。因此，L 的大小控制了梯度下降法可以前進的距離。

第 2 章中提到，損失函數的定義是所有訓練數據損失的平均：$L(w) = \dfrac{1}{N}\sum_{i=1}^{N} l_i(w)$，其中 $l_i(w)$ 表示使用第 i 個數據點在參數 w 的損失函數值。在實際使用中，如果每一步都需要計算 $\triangledown L(w_t)$，那麼就需要將訓練數據中的 N 個點都過一遍。當 N 的值很大時，算法的運行速度會非常慢。

因此，人們在實際中，往往使用隨機梯度下降法，即帶有隨機擾動的梯度下降算法。隨機梯度下降法和梯度下降法非常像，它採用如下的更新方程：

$$w_{t+1} = w_t - \eta G_t$$

其中 G_t 稱為隨機梯度，它滿足 $E[G_t] = \triangledown L(w_t)$，即其期望值等於梯度下降下的導數（這裡的期望值是針對隨機梯度計算過程中產生的隨機性計算的），但是 G_t 裡面可能包含一些隨機的擾動。常用的 G_t 計算方法是從 N 個數據點中，隨機選擇 $|S|$ 個數據點組成一個數據集合 S，然後定義 $G_t = \dfrac{1}{|S|}\sum_{i \in S} \nabla l_i(w)$。這 $|S|$ 個數據點稱為小批（mini-batch）。如果 S 取整個訓練集，那稱 S 為整批（full-batch）。不難看到，如果對隨機選取的數據點取期望，總是可以得到 $E[G_t] = \triangledown L(w_t)$。$S$ 大小的

區別在於，如果 S 是比較小的數據集，那麼 G_t 會包含較大的噪聲。由於計算 G_t 只需要使用 $|S|$ 個數據點，當 $|S|$ 遠遠小於 N 時，隨機梯度下降法會比梯度下降法快很多。這也是它在實際中廣泛使用的主要原因。

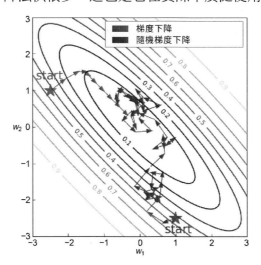

圖 3.3　梯度下降法與隨機梯度下降法的路徑示意圖

圖 3.3 展示了梯度下降法和隨機梯度下降法具體的差異。圖中的橢圓曲線是一個簡單的二次函數等高線圖（即函數值在同一條等高線上值相同）。相比梯度下降，隨機梯度下降法（紫色）收斂需要的步數多一些，且每次的移動有隨機性，但很快也能夠收斂。考量到隨機梯度下降法每次梯度計算的代價非常低，它收斂使用的總時間會比梯度下降法短很多。

以下思考一個簡單的例子。假如有三個數據點，（2，2），（1，1），（0，0），對應的 y 分別是 3，2，0。我們使用線性函數 $f(x_1, x_2) = w_1 x_1 + w_2 x_2$，使用平方損失 $L = \dfrac{(f(x_1, x_2) - y)^2}{2}$。一開始我們從 $(w_1, w_2) = (2, -3)$ 出發。在這個點，針對數據點 (x_1, x_2)

和 y，w 的導數是 $(f(x_1,x_2)-y)(x_1,x_2)$。因此，正確的導數
是：$\frac{1}{3}[(-10,-10)+(-3,-3)+(0,0)]=\left(-\frac{13}{3},-\frac{13}{3}\right)$。因此，如
果運行梯度下降法，步長為 0.1，那麼下一個點的結果是（2.43，−
2.56）。透過計算可以看到，損失函數值從 5.67 降到 2.54。如果運
行隨機梯度下降法，那麼我們就透過隨機選取某一些數據點計算梯
度。例如，我們可以選第二個點與第三個點。這樣得到的導數是：
$\frac{1}{2}[(-3,-3)+(0,0)]=(-1.5,-1.5)$，−1.5)，可以看到，
這個導數和梯度下降法得到的結果並不相同。如果我們使用這個隨機梯
度方向前進 0.1 步，那麼下一個點的結果是（2.15，− 2.85）。透過計算
可以看到，損失函數值從 5.67 降到了 4.44。

　　一般來說，在隨機梯度下降中，如果小批的大小 S 太小，比如只有
一個數據點，那麼隨機梯度的噪聲會非常大，導致不太容易收斂；但如
果 S 太大，包含了整個數據集，那麼算法的運行速度就會非常慢。在實
際使用中，人們通常會根據問題的不同，選擇不同的 S 大小，比如 64，
128，256 等（以 2 的倍數遞增）。S 的大小其實是根據實際運行效率做
的一個選擇，往往會帶有許多經驗的因素。

3.3　二分類問題

　　前面 2 節介紹了迴歸問題（即 y_i 為一個實數）及其求解。在本節將
介紹另一個實際應用中常見的問題 —— 分類。在分類問題中，y_i 表示一
個類別。比如，y_i 可以表示一張圖片展示了貓還是狗，也可以表示一個
輸入內容的好壞等。在這種情況下，我們無法使用 $f(x)=w^Tx$ 代表這
個問題的解，而是希望最後的 $f(x)\in\{0,1,2,3\}$ 或 $f(x)\in\{$cat，

dog}。這些就是分類問題。在現實生活中,我們通常遇到的都是多分類問題。不過下面先介紹最簡單的二分類情況,即 $f(w) \in \{0,1\}$。

對於二分類問題,一種解決方法是採用符號函數 $f(x) = \text{sign}(w^T x)$,其中 sign 為符號函數,即它給出 $w^T x$ 為正還是為負。換句話說,首先使用線性迴歸,再根據線性迴歸的符號決定 $f(x)$ 的類別:如果 $f(w) \geqslant 0$,則類別為 1;否則類別為 0。

儘管這個想法非常好,但由於 $\text{sign}(w^T x)$ 無法求導,我們無法使用隨機梯度下降算法進行優化,這個問題也因此變得非常難以解決。以下,我們介紹著名的算法——感知器算法(perceptron algorithm),它可以在不使用導數的情況下,對問題進行求解。算法 7 展示了感知器算法的偽代碼。

算法 7:感知器算法

$P \leftarrow$ inputs with label 1;
$N \leftarrow$ inputs with label 0;
Initialize w randomly;
While ! comvergence do
    Pick random x $\in P \cup N$;
    if x $\in P$ and w. x $<$ 0 then
        w $=$ w $+$ x;
    end
    if x $\in N$ and w. x $\geqslant$ 0 then
        w $=$ w $-$ x;
    end
end
//the algorithm converges when all the inputs are classified correctly

---

簡單來說,感知器算法每次從數據集中抽出一個數據,觀察目前

的 $f(x) = \text{sign}(w^T x)$ 是否能正確地預測。如果是，則跳到下一個數據；否則，根據錯誤的情況對 w 進行修改。例如，若一個數據的正確結果是正數，但函數給出了負數的預測，則更新 $w = w + x$。這是因為 $(w+x)^T x = w^T x + x^T x = w^T x + \|x\|^2 > w^T x$。透過這樣的操作，不斷增大 $w^T x$，最後便可能將其變為正數。

感知器算法是 1960 年代提出來的。人們嚴格證明了，如果數據確實是線性可分的，那麼算法一定會收斂。可惜的是，當數據不是線性可分時，算法會不斷運行而無法停止。因此，感知器算法現在並沒有很廣泛地應用。

既然符號函數這麼難處理，那有沒有比較好的辦法呢？答案是肯定的。我們可以對問題做如下的變換：如果問題是二分類，即 y = 0 或 1，可將 $f(x)$ 視為 x 在第一個類別的機率。也就是說，它在第二個類別的機率就是 $1 - f(x)$。如此一來，問題變成了求解一個二維度的機率分布，分別是 $(f(x)，1 - f(x))$。如果是第一個類別，那麼 y 為 (1，0)，否則為 (0，1)。

注意到，變換之後 $f(x)$ 的輸出不再是一個離散的數值，而是一個介於 0～1 之間的數。我們如何保證 $f(x)$ 的輸出在 [0，1]，而不是任意的實數呢？一個常用的做法是使用 sigmoid 函數（又稱為 logistic 函數）：

$$\sigma(z) = \frac{1}{1 + e^{-z}} \in [0,1]$$

圖 3.4 給出了 $\sigma(z)$ 在 $z = -6$ 到 $z = 6$ 之間的函數值。可以看到，函數將所有實數值轉換成一個在 0～1 之間的機率。

圖 3.5 是一個 sigmoid 函數與符號函數的對比示意圖。可以看到，

sigmoid 函數是一個連續的函數，而符號函數存在跳變。注意到，與符號函數一致，$w^T x = 0$ 是一個分界線：當 $w^T x \geqslant 0$ 時，$f(x) \geqslant 0.5$；否則 $f(x) < 0.5$。因此，邏輯迴歸可以被視為一個軟化的符號函數。它不需要在 0 點有跳變，從而可以解決符號函數不可導的問題。這種軟化的方法也是機器學習領域常見的技巧。

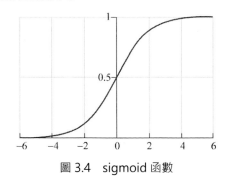

圖 3.4　sigmoid 函數

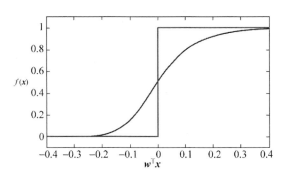

圖 3.5　sigmoid 函數與符號函數的對比

透過把 sigmoid 函數與線性函數進行結合，可以得到

$$f(x) = \sigma(w^T x) = \frac{1}{1 + e^{-w^T x}}$$

如此一來，我們就得到了一個機率。

使用這樣修改過的函數可以解決分類問題，這種方法叫做邏輯迴歸。圖 3.6 是邏輯迴歸得到的結果。

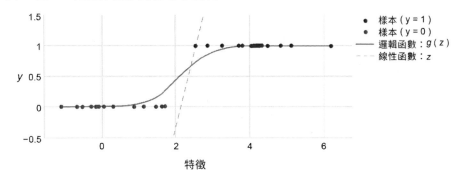

圖 3.6　邏輯迴歸分類示意圖

在圖 3.6 中，虛線是線性迴歸的分類面，綠色的實線是邏輯迴歸的結果。其中，只有離分界線比較遠的點的機率才會接近 1，而離分界線比較近的點的機率則是 0 ～ 1 之間的一個實數。

邏輯迴歸和線性迴歸非常類似，只是在線性函數的基礎上加了一個 sigmoid 函數，因此可以使用梯度下降法進行優化。唯一的差別是，在計算導數時，由於邏輯迴歸有額外的 sigmoid 函數，因此需要使用求導數的連鎖律，在線性函數的導數基礎上額外乘上 sigmoid 的導數。具體來說，定義 $f' = w^T x$，則。

$$\frac{\partial f}{\partial w} = \frac{\partial f}{\partial f'} \frac{\partial f'}{\partial w} = \frac{e^{-f'} x}{(e^{-f}+1)^2}$$

3.4　多分類問題

上面 3.3 節討論了二分類問題，在這一節裡，將介紹多分類問題。其解決方法與二分類問題類似，只需將輸出的結果從一個針對二分類

的機率分布，變為針對多分類的機率分布即可。具體來說，假如有 k 個分類，可以修改原來的線性函數 f，使得 $f_W(x) = Wx \in R^k$。這裡 $W \in R^{k \times d}$ 為一個矩陣，並且 $f_W(x)$ 也變成了一個向量，而不是一個實數。

接下來，我們探究如何將 $f_W(x)$ 這個向量轉換成一個機率分布。這裡要注意，機率分布需要滿足的條件，就是所有數都是非負的，且相加等於 1。為了滿足這兩個性質，可以使用 sigmoid 函數更加普適的形式，稱為 softmax 函數。注意到，sigmoid 函數之所以可以把所有輸入變成 $0 \sim 1$ 之間，是因為 e^{-x} 永遠是一個非負的數，且取值為 $0 \sim \infty$。因此，對於任何一個 k 維的向量 u，定義 $y_i = \dfrac{e^{u_i}}{\sum\limits_{j=1}^{k} e^{u_j}} \geqslant 0$ 為機率分布 y 的第 i 個位置的具體機率，有：

$$\sum_{i=1}^{k} y_i = \frac{\sum\limits_{i=1}^{k} e^{u_i}}{\sum\limits_{j=1}^{k} e^{u_j}} = 1$$

所以，透過這樣的變換方式，可以得到針對多分類的機率分布 y。

現在來看看為什麼 softmax 變換是 sigmoid 函數更普適的形式。首先，在邏輯迴歸 $f_w(x)$ 輸出的基礎上，補充一個額外的 0 輸出，並且使 $f_w(x)$ 乘以 -1，即變成一個二維的向量 $(-f_w(x), 0)$。這時，對這個向量進行 softmax 變換，便能得到機率分布 $\left(\dfrac{e^{\hat{}}(-w^T x)}{1 + e^{\hat{}}(-w^T x)}, \dfrac{1}{1 + e^{\hat{}}(-w^T x)} \right)$。這與邏輯迴歸得到的機率分布是一樣的。

上述將 k 維向量轉換為針對 k 個類別的機率分布方法,不僅適用於線性函數,也適用於其他更複雜的函數(例如神經網路),只要這個函數的輸出是 k 維向量即可。在得到機率分布之後,可以使用交叉熵作為分類問題的損失函數,用以比較該機率分布和正確類別的差異。相比其他各種損失函數,交叉熵在實際優化過程中,往往有最好的表現。因為我們優化的目標,是讓損失函數最小化。所以選擇好的損失函數,可以提升最優的分類表現。

在理解交叉熵的概念之前,先簡單介紹一下熵的概念。對一個機率分布 $(y_1, y_2, \cdots, y_d)$,它的熵定義為 $H(y) = -\sum_i y_i \log y_i$。熵有許多含義,比如,該隨機變量包含多少訊息,或有多少不確定性等。採用它的一個經典定義,即 $H(y)$ 表示如果希望對該機率分布進行編碼操作,需要的最少位元數。作為最簡單的例子,我們可以以白努利隨機變量的熵計算。白努利隨機變量是一個只有兩種取值的隨機變量,例如 $y_1 = -1$,$y_2 = 1$,就像擲硬幣,代表了最後結果是正面還是反面。假設兩種取值的機率分別為 p 和 $1 - p$。這個時候,熵的定義就是 $H(p) = -p\log_2(p) - (1 - p)\log_2(1 - p)$,如圖 3.7 所示。

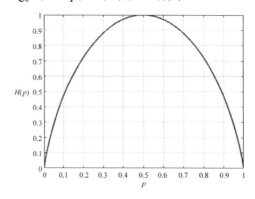

圖 3.7　白努利分布熵與機率的關係

可以看到，當 $p = 0.5$（對應於硬幣是均勻的）時，熵最大，該隨機變量的不確定性也最大。當 $p = 1$ 或 $p = 0$ 時，熵最小為 0，完全沒有不確定性，因為這個時候隨機變量只會有固定的取值。

交叉熵是在該定義下的一個拓展。具體來說，兩個分布 y 和 p 的交叉熵為 $XE\ (y, p) = -\sum_i y_i \log p_i$。當 y 和 p 相等時，交叉熵等於熵。交叉熵的直觀含義是在知道真正的機率分布 y 時，對 p 進行編碼所需的位元數。因此，可以推出 $XE\ (y, p) \geqslant H\ (y)$。（大家想想為什麼？）

基於這個不等式，可以定義損失函數 $L = XE\ (y, p) - H\ (y) \geqslant 0$。根據熵的定義，可以知道：當，且僅當 $y = p$ 時，$L = 0$。注意到，這個函數不是對稱的。如果交換了 y 和 p，那麼這個函數的取值也會變得不同。由於 y 的取值是固定的（從訓練數據中來），所以 $H\ (y)$ 的取值也是固定的。因此，優化 L 的值，等同於優化 $XE\ (y, p)$。這就是為什麼交叉熵常被用作損失函數。

交叉熵在實際中易於使用的一個主要原因，可能來源於它的導數。

如果正確的分類是 i 的話，我們知道 $y_i = 1$，且其對應的導數為 $\dfrac{1}{p_i}$。因此，p_i 越大，導數越小；反之亦然。換言之，如果輸出的機率分布中，p_i 比較大，即非常接近正確答案，那麼就會得到一個較小的導數；否則會得到一個較大的導數。這樣的性質對優化是非常有利的。

舉個例子來說，如果 $y = (0, 0, 1)$，$p = (0.99, 0, 0.01)$，有 $XE = Log100$，且其導數為 100。如果 $y = (0, 0, 1)$，$p = (0.01, 0, 0.99)$，則 $XE = Log1.01$，且導數為 $1/0.99$，遠小於上面的情況。值得一提的是，作為機率分布，y 也可以有多個維度非 0。這種情況下，同樣可以使用交叉熵計算損失函數。

3.5　脊迴歸

　　第 2 章中提到，為了保證泛化性能，防止過度擬合的情況發生，有時需要採取一些措施來降低過度擬合的影響，這個技巧是正則化。正則化既可以用於迴歸問題，又可以用於分類問題。以下，將以迴歸問題為例，介紹正則化的技巧（對分類問題的處理方法類似）。

　　我們先介紹脊迴歸問題。脊迴歸的基本想法如下：針對普通的損失函數 $\frac{1}{2N}\|Xw-y\|_2^2$，我們希望能同時限定 $\|w\|_2^2$ 的大小，即 w 的長度滿足 $\|w\|_2^2 \leqslant c$，其他的情況不予考慮。從直覺來看，這可以幫助解決過度擬合的問題，因為這限制了解空間的大小（只考慮長度平方小於 c 的 w）。人們也發展了進階的理論工具，證明這個想法確實可以提供更好的泛化保證。

　　接下來介紹如何求解這個問題。直接求解帶約束的問題往往比較困難。因此，通常採用的辦法是將它轉換成一個沒有約束的版本，即

$$\min \frac{1}{2N}\|Xw-y\|_2^2 + \frac{\lambda}{2}\|w\|_2^2$$

其中 λ 是一個需要設定的參數。如果 $\lambda = \infty$，說明 $\frac{\lambda}{2}\|w\|_2^2$ 這一項占非常大的權重，以至於 w 必須等於 0 才能得到非負的損失函數（這對應於 $\|w\|_2^2 \leqslant 0$ 的情況）。另一方面，如果 $\lambda = 0$，那問題就退化成為之前的普通線性迴歸問題，即 $\min \frac{1}{2N}\|Xw-y\|_2^2$（這對應於 $\|w\|_2^2 < \infty$ 的情況）。另一方面，隨著 λ 不斷變小，可以看到在損失函數中，對 w 的

約束越來越小，也即對應的 c 越來越大。因此，這是一個單調對應的關係。對於任意的 c，理論上都可以找到一個 λ 與之對應，使得最後的解 w 是一致的。

所以，透過增加 $\frac{\lambda}{2}\|w\|_2^2$ 項，並設定合適的 λ，可以控制最後解得的 w 長度。這裡的 $\frac{\lambda}{2}\|w\|_2^2$，就是正則化項，稱為 2 範數正則化項。而包含這個 2 範數正則化項的線性迴歸，就叫做脊迴歸。

一般來說，正則化是什麼意思呢？直觀來看，正則化和剪裁樹枝的工作差不多。在定義好損失函數之後，無法控制最後優化算法會得到什麼樣的結果。就好像我們種下了一棵樹的種子（損失函數），然後任由它生長，最後它可能會長出雜亂的樹枝。這時，可以將生長方向不好的樹枝裁剪掉（正則化技術），使樹最後長成我們期望的樣子。不過，不同的場景對樹枝的形狀可能會有不同的要求：有時是對稱飽滿的，有時是整齊劃一的……等。對於不同的形狀要求，需要採用不同的剪裁方式，這就對應不同的正則化技術。

上面介紹的脊迴歸，就是比較常用的正則化方法，對應我們希望 w 長度比較小的要求。我們可以方便地計算脊迴歸的損失函數導數，即 λw。使用這個導數進行最陡下降法，可以得到脊迴歸的答案。可以證明，對脊迴歸的損失函數，一定能找到全局最優解。

$$\nabla L = \frac{1}{N}\sum_i \left(\langle w, x_i \rangle - y_i\right) + \lambda w$$

3.6　Lasso 迴歸

在本節裡，將介紹另一個常用的正則化方法 —— Lasso 迴歸（最小絕對緊縮與選擇算子迴歸）。首先簡單介紹它誕生的背景。我們生活的時代已經擁有了海量的數據，因此，大型的科技公司通常對每個用戶都留存數據、紀錄，包括用戶使用產品的紀錄、登錄登出的紀錄、與其他用戶交互的紀錄、產生數據的紀錄⋯⋯等多種紀錄數據。假設公司對每個用戶有 10,000 條不同的紀錄。對現代的科技公司來說，這其實是一個非常保守的假設，因為實際上每個用戶被蒐集的訊息要比這多得多。

假設基於這些數據，公司希望預測某用戶的購買行為，例如用戶是否打算在近期購買一臺筆記型電腦。如果預測準確，公司便可針對該用戶投放一些筆記型電腦的廣告，從中盈利。因此，這項任務對公司來說非常重要。

有許多機器學習技術可以用來處理這個問題，現在我們來看看如何用線性迴歸的算法解決。注意到，這個問題的難點在於，用戶的許多不同特徵中，真正與我們關心的問題相關的特徵非常少，可能只有幾個或幾十個。許多其他的特徵，例如登錄紀錄等，可能均為噪聲而不需要考慮。但如何從 10,000 個特徵中自動過濾掉噪聲，挑選出其中最有用的特徵呢？

值得一提的是，線性迴歸是不具備這個能力的。如果僅使用線性迴歸，那麼在最後的答案 w 中，每個維度都會有或大或小的非 0 數值，意味著所有的特徵均對結果有影響。這是因為從優化的角度，最優解不一定需要含有大量的 0。但透過購買筆記型電腦的例子，可以知道這樣的答案並不是我們需要的，因為大部分的維度對應的特徵都是噪聲。同理，

我們也無法使用脊迴歸來解決這個問題，因為脊迴歸背後的目標是控制 w 的長度，而不是 w 各個維度的稀疏程度。

對於這個問題，我們真正希望的解決方法，是在優化 $\frac{1}{2N}\|Xw-y\|_2^2$ 的同時，滿足$\|w\|_0 \leqslant c$，即希望 w 比較稀疏，其非 0 項不超過 c 個。然而由於不可導，$\|w\|_0$是一個難以優化的範數。在機器學習中，一旦無法對一個目標函數求導，就意味著無法找到很好的優化方法來解決這個問題。因此，在實際中，往往使用$\|w\|_1 \leqslant c$作為替代品，即轉為要求 w 所有項的絕對值加起來的和不大於 c。這裡額外加的$\|w\|_1 \leqslant c$限制，就是正則化方法，它可以幫助我們忽略掉數據中的噪聲，使最後得到的解有更好的泛化能力。值得一提的是，雖然這個限制和$\|w\|_0 \leqslant c$不一樣，但從理論的角度可以證明，在某些情況下，採用這個約束得到的解，和我們想要滿足$\|w\|_0 \leqslant c$的稀疏解，是完全一樣、或非常接近的。

與脊迴歸類似，在確定了限制條件後，可以將這個約束問題轉化為普通的損失函數，即 $\frac{1}{2N}\sum_i (w^\mathrm{T} x_i - y_i)^2 + \lambda \|w\|_1$。這是一個凸函數，因此可以使用梯度下降法高效解決。

最後，經由一個具體的例子來看看普通的線性迴歸、脊迴歸和 Lasso 迴歸之間的差別。假設有兩個數據點 $X = ((2，1)，(4，0))$，$Y = (1，3)$，$\lambda = 1$。那麼分別運行 3 個算法，會得到下面的 3 組 $w = (w_1，w_2)$ 答案。

- **線性迴歸**：$(0.75，-0.5)$
- **脊迴歸**：$(20/31，-3/31)$
- Lasso **迴歸**：$(13/20，0)$

注意到，儘管線性迴歸的答案可以完美擬合最後的問題，但脊迴歸給出的答案有更小的長度，而 Lasso 迴歸給出的答案則更加稀疏（第 2 個維度是 0）。

本章總結

本章學習了線性迴歸，並介紹了使用梯度下降法（或者隨機梯度下降法）對目標函數進行優化。在線性迴歸的基礎上，介紹了使用 sigmoid 函數或 softmax 函數輸出針對二分類或者多分類的機率分布。對於分類問題，介紹了常用的損失函數交叉熵。最後，學習了正則化的方法，包括脊迴歸與 Lasso 迴歸。

練習題

1. 請問線性迴歸和線性分類在輸出上的差別是什麼？

2. 請簡單談談對特徵（feature）的理解，可以以房價預測為例子簡述。

3. 對於損失函數 L，在第 t 個時刻，其當前鄰域能降低函數值最快的方向是什麼？

4. 請舉一個例子來說明如何限制空間大小，分別寫出其約束版本和沒有約束的版本。

5. 已知損失函數為 $L(w) = w^2 + 5w + 6$，η 取為 0.1，初始值 $w_0 = 2$，請計算疊代三次後的 w 值。

6. 請簡述隨機梯度下降中，批大小對訓練的影響。

7. 已知向量 $u \in R^k$，請計算 u 經過 softmax 變換後的 y_i 對 u 的導數。

8. 請敘述脊迴歸的基本概念。

9. 請敘述 Lasso 迴歸的基本概念。

10. 選擇題

Sigmoid 函數的值域為（　）。

A.　$[0，1]$

B.　$(0，1)$

C.　$[-1，1]$

D.　$(-1，1)$

11. 論述題

脊迴歸透過增加對參數 1 範數懲罰提升模型泛化性能。

12. 根據下列數據，計算 y 對 x 的迴歸方程（提示：在樣本量較小的情況下，使用顯式解會更快）。

x	1	2	3	4	5
y	1	3	4	2	4

第 4 章

決策樹、梯度提升和隨機森林

引言

在本章裡，我們將學習決策樹與相關的集成學習算法。與其他監督式學習方法類似，決策樹的訓練也是基於給定的訓練數據，學習出一個從數據到標籤的映射。決策樹表示的映射僅由一系列簡單的判斷規則組成，與人類做決策的過程類似。因此非常易於理解，具有很強的可解釋性。但相比神經網路等複雜模型，單個決策樹的擬合能力非常有限。因此在實際應用時，通常訓練許多個決策樹，然後綜合它們的預測結果，這樣綜合多個簡單模型的方式稱為集成學習。如果將單個模型看成一個專家，那麼集成學習可以理解為由許多專家組成的智囊團。基於決策樹的集成學習是目前除了深度學習之外最主要的監督式學習方法之一，在數據科學比賽（例如 Kaggle 競賽[1]）和工業界中都有廣泛的應用。因此，決策樹以及相關的集成學習方法，無疑是機器學習領域的必備技能之一。

以下，首先介紹決策樹與它的訓練算法。然後將介紹 2 種常見的、基於決策樹的集成學習算法：隨機森林和梯度提升。

4.1　決策樹

4.1.1　例子

為了理解決策樹的結構，我們先舉一個簡單的例子。假設需要根據表 4.1 的數據集設計一個電子郵件分類系統，用以區分垃圾郵件和正常郵件。一個直觀的做法是制定一些簡單的規則。例如，先判斷郵件是否來自陌生的信箱。如果該郵件來自常用的聯絡人，就可以基本上排除是

垃圾郵件的可能。其次，垃圾郵件往往包含詐騙訊息，因此會經常出現「賺錢」、「轉帳」等字眼。基於這兩點，可以制定出如圖 4.1 所示的郵件分類規則。

表 4.1　郵件分類數據集

手機型號	內存/GB	儲存空間/GB	螢幕材質	是否曲屏	價格/元
1	8	64	LCD	否	4800
2	16	128	OLED	是	5000
3	4	128	OLED	否	3200
4	8	128	LCD	否	4400
5	16	256	OLED	是	7200

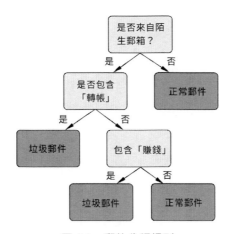

圖 4.1　郵件分類規則

4.1.2　決策樹的定義

圖 4.1 中，整個分類流程構成了一種樹狀結構。其中最上方的灰色方框是樹的根部，稱為根節點。每個箭頭是樹的一個分支，每個方框都是樹的節點。灰色的方框帶有分支，稱為中間節點，每個中間節點代表一個判斷條件。根據中間節點判斷結果的不同，從中間節點出發的箭頭，會指向不同的子節點；這個中間節點稱為這些子節點的父節點。橘

色的方框不再生出分支，稱為葉子節點。從根節點到每個葉子節點都會經過一條路徑，每個葉子節點紀錄決策樹對符合路徑上所有判斷條件的數據的預測情況。例如圖 4.1 中，從最高的灰色根節點出發，到左下角的橘色葉子節點，會經過「是否來自陌生信箱」與「是否包含『轉帳』」兩個判斷條件。如果有一封郵件這兩個條件均成立，它將被分類為垃圾郵件。

透過上面的例子，我們對決策樹的主要組成有了直觀的了解。以下是決策樹的正式定義。

定義［決策樹］：一個樹結構的每個中間節點對數據的某一個特徵進行判斷，根據判斷結果的不同，指向相應的子節點。而且，該樹結構的每個葉子節點，對符合所有根節點到該葉子節點路徑上判斷條件的數據給出一個預測值。這樣的樹結構稱為決策樹。

根據特徵類型的不同，決策樹採用不同形式的分支。在圖 4.1 的例子中，判斷條件僅涉及表 4.1 中的兩個變量，且兩個變量均只有「是」和「否」2 種取值。對於數值類型的變量 x（例如總字數與生僻字比例等），決策樹可使用該變量是否超過一個閾值（$x \leq t$）作為判斷條件，例如總字數是否超過 500；而對於具有更多取值的離散型變量，可以使用該變量是否屬於值域的某一子集（如 $x \in S$）作為判斷條件；或者對每種取值都生成一個單獨的分支。

針對不同的問題，決策樹的葉子節點需要輸出不同的預測。對於迴歸問題，葉子節點的預測值是一個實數；而對於分類問題，則是一個類別。前者稱為迴歸樹，後者稱為分類樹。在前面垃圾郵件分類問題中，採用的是分類樹。以下看一個迴歸樹的例子。

假設你是某手機品牌的粉絲，希望對一款即將發布的新機型價格進

行預測，且已知當前市面上各種不同配置手機的價格如表 4.2 所示。

表 4.2　手機價格數據

手機型號	內存/GB	儲存空間/GB	螢幕材質	是否曲屏	價格/元
1	8	64	LCD	否	4800
2	16	128	OLED	是	5000
3	4	128	OLED	否	3200
4	8	128	LCD	否	4400
5	16	256	OLED	是	7200

對這個問題，可以採用以下的定價規則進行決策樹的構建：如果內存超過 8 GB，則預測價格為 5,200 元；否則將根據螢幕的材質進行進一步預測。根據這些規則，得到了圖 4.2 所示的 3 葉子決策樹。由於規則簡單，決策樹只能得到非常粗糙的結果。如果希望得到更精確的價格預測，則需要使用更複雜的決策樹，或透過後面介紹的集成學習方法，綜合多個決策樹的結果。

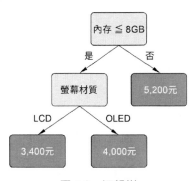

圖 4.2　迴歸樹

整體來說，決策樹將輸入的數據 X 所在的空間，分割成多個不同的子空間；然後為每個子空間（對應一個葉子節點）賦予一個預測值，即決策樹表示一個分段常數函數。圖 4.3 是一個連續特徵空間上決策樹的例子。在這個例子裡，數據集有兩個數值類型的特徵 x_1 和 x_2，而圖 4.3（a）中的決策樹相當於把數據所在的平面分割成 4 個小塊（見圖 4.3（b）），

並賦予每個小塊一個常數的預測值。如果把決策樹視為 x_1，x_2 的二元函數 f，那麼可以在三維空間中畫出 $y = f(x_1，x_2)$ 的圖像，如圖 4.3（c）所示。

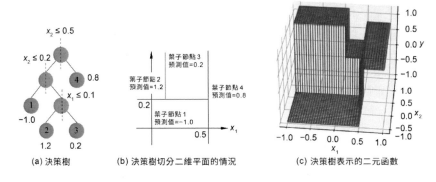

| (a) 決策樹 | (b) 決策樹切分二維平面的情況 | (c) 決策樹表示的二元函數 |

圖 4.3　決策樹切分的空間

以下將詳細介紹決策樹的訓練。

4.1.3　決策樹的訓練

透過前面的兩個例子可以看出，決策樹主要由 2 部分組成：葉子節點的預測值、決策樹的結構，包括中間節點的判斷條件。決策樹的訓練，就是找出一個理想的決策樹結構，並對每片葉子賦予合適的預測值。

決策樹的訓練可以總結為如下由根到葉子構造的過程：最初，只有一個根節點，節點對應所有訓練數據；然後，選擇一個特徵，設置一個判斷條件（也稱為分割條件）；接下來，依據該判斷條件構造根的兩個葉子，使每個葉子對應一部分數據；重複這個葉子節點的構造步驟，直到達一定的終止條件為止。

以下將詳細討論如何選取葉子的預測值以及如何分割葉子節點。這是決策樹構建的核心所在。

4.1.3.1 葉子預測值的計算

為了描述決策樹的訓練算法，首先假設決策樹的結構已經確定，並思索如何確定每片葉子上最優的預測值。假設 I_j 是落在葉子 j 上的樣本集合，w_j 是葉子 j 的預測值。這時，可以將目標函數照葉子上的數據進行整合。具體來說，對於樣本 i，可以用 y_i 代表它的標籤，用 $\hat{y}_i$ 代表學習算法的預測，並用 $l(\hat{y}_i, y_i)$ 來代表樣本 i 的損失函數。決策樹的損失函數可以表示為

$$\sum_{i=1}^{N} l(\hat{y}_i, y_i) = \sum_{j} \sum_{i \in I_j} l(\hat{y}_i, y_i) = \sum_{j} \sum_{i \in I_j} l(w_j, y_i)$$

這裡最後一個等式是因為樣本 i 落在了葉子 j 上，且 w_j 是學習算法對於 i 的預測值。

根據損失函數，可以很容易求出每片葉子上的最優預測值。例如，如果訓練的目標是最小化均方誤差（mean square error，MSE），則葉子 j 的最優預測值為

$$w_j^* = \operatorname*{argmin}_{w_j} \sum_{i \in I_j} \frac{1}{N} (w_j - y_i)^2 = \frac{1}{|I_j|} \sum_{i \in I_j} y_i$$

即該片葉子上數據標籤的平均值。類似地，對於分類問題，如果訓練的目標是最小化分類錯誤率，那麼該片葉子上的最優預測值為所有數據中歸屬最多的類別 k_j，即

$$w_j^* = \operatorname*{argmin}_{w_j} \sum_{i \in I_j} \frac{1}{N} I(w_j \neq y_i) = k_j$$

4.1.3.2 最優分割條件的選取

在了解了如何計算葉子節點的預測值之後，接下來看如何評價一個分割條件的優劣。粗略來說，衡量一個分割條件的優劣，是看採用該分

割條件能如何減少訓練誤差。減少的越多，說明該分割條件越好。那麼應該如何量化這個評測過程呢？考量數值型特徵 x_k，假設按條件 $x_k \leq t$ 將節點 j 分割為兩個子節點 j_1 和 j_2，那麼落在節點 j 上的數據訓練誤差的減小量為

$$\text{gain}(j, x_k, t) = \sum_{i \in I_j} l(w_j^*, y_i) - \sum_{i \in I_{j_1}} l(w_{j_1}^*, y_i) - \sum_{i \in I_{j_2}} l(w_{j_2}^*, y_i)$$

其中 $I_{j_1} = \{i \in I \mid x_{i,k} \leq t\}$ 表示落在子節點 j_1 上的數據，$I_{j_2} = \{i \in I \mid x_{i,k} > t\}$ 表示落在子節點 j_2 上的數據。為便於敘述，把訓練誤差減小量 gain (j, x_k, t) 稱為分割條件 $x_k \leq t$ 在葉子 j 上的分割增益。

當訓練目標為最小化均方誤差時，上式可寫為

$$\text{gain}(j, x_k, t) = \frac{1}{N} \left[\sum_{i \in I_j} (w_j^* - y_i)^2 - \sum_{i \in I_{j_1}} (w_{j_1}^* - y_i)^2 - \sum_{i \in I_{j_2}} (w_{j_2}^* - y_i)^2 \right]$$

$$= \frac{1}{N} \left[\sum_{i \in I_j} \left(\frac{1}{|I_j|} \sum_{s \in I_j} y_s - y_i \right)^2 - \sum_{i \in I_{j_1}} \left(\frac{1}{|I_{j_1}|} \sum_{s \in I_{j_1}} y_s - y_i \right)^2 - \right.$$

$$\left. \sum_{i \in I_{j_2}} \left(\frac{1}{|I_{j_2}|} \sum_{s \in I_{j_2}} y_s - y_i \right)^2 \right]$$

$$= \frac{1}{N} \left[\frac{\left(\sum_{s \in I_{j_1}} y_s \right)^2}{|I_{j_1}|} + \frac{\left(\sum_{s \in I_{j_2}} y_s \right)^2}{|I_{j_2}|} - \frac{\left(\sum_{s \in I_j} y_s \right)^2}{|I_j|} \right]$$

接下來，要找出葉子節點 j 的最優分割條件，只需對每個特徵 x_k 遍歷一次它在訓練數據中的取值，然後找出使 $g(j, x_k, t)$ 最大的 x_k 和 t 即可。

以下的例子展示了如何透過表 4.2 數據中的儲存空間特徵，找出最優的分割閾值。

我們用 gain 表示分割增益。其計算過程如以上 gain (j, x_k, t) 的公式所示（注意到 N 與使用的分割條件無關，故我們在計算 gain 時忽略掉 $\frac{1}{N}$ 這個因子）。在表 4.3 中，綠色表示向左，橘色表示向右，兩個箭頭的

交接處表示分割使用的閾值。在「子節點 y_i 之和」這一行中，綠色格子表示左邊子節點上的數據標籤之和（公式中的 $\sum_{s \in I_{j_1}} y_s$），橘色格子表示右邊子節點的數據標籤之和（公式中的 $\sum_{s \in I_{j_2}} y_s$）。首先將數據點按照儲存空間升序排序。由於這裡只有 3 種不同的儲存空間大小，在進行分割時，只需考慮兩個可能的條件，即儲存空間不超過 64 GB 與儲存空間不超過 128 GB。透過分別計算出這兩個條件下，左右兩個子節點的 yi 之和及相應的分割增益的值（gain），可以得到 64 GB 是最優的分割閾值，如表 4.3 所示。

表 4.3　尋找使用儲存空間這個特徵的最優分割條件

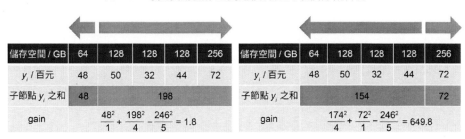

儲存空間 / GB	64	128	128	128	256
y_i / 百元	48	50	32	44	72
子節點 y_i 之和	48	198			
gain	$\dfrac{48^2}{1} + \dfrac{198^2}{4} - \dfrac{246^2}{5} = 1.8$				

儲存空間 / GB	64	128	128	128	256
y_i / 百元	48	50	32	44	72
子節點 y_i 之和	154				72
gain	$\dfrac{174^2}{4} + \dfrac{72^2}{1} - \dfrac{246^2}{5} = 649.8$				

4.1.3.3　決策樹結構的選擇

4.1.3.2 節介紹了如何將一個葉子節點最優地分割為兩個新的葉子節點。下面將介紹如何決定決策樹的結構，這一步會大大的影響上述兩個步驟的性能。

具體來說，決策樹的結構選擇是一個疊代的過程。①一開始所有數據都落在根節點上；②在每一步的疊代中，選取一部分葉子節點，將它們按照 4.1.3.2 節中的方法進行分割；③重複這個步驟直到決策樹達到預定規模，或者所有葉子最優分割帶來的增益小於某個閾值為止，這部分

將在 4.1.3.4 節進行介紹。

在步②中，葉子節點選取方式有以下 2 種：

（1）選取所有的葉子進行分割，這種方式稱為按層（level–wise）訓練。按層訓練出來的決策樹是一個完全二元樹 [2]。

（2）選取最優分割增益最大的葉子進行分割，這種方式稱為按葉子（leaf–wise）訓練。按葉子訓練出來的決策樹未必是完全二元樹。

一般來說，在具有相同葉子數量的情況下，按葉子訓練能擁有的結構更加靈活，但也更容易過度擬合訓練數據。圖 4.4 展示了兩者的區別。

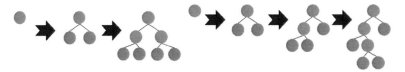

圖 4.4　按層訓練和按葉子訓練

4.1.3.4　防止過度擬合

前面已經介紹了透過疊代地分割葉子訓練決策樹的方法。那麼，如何決定疊代的次數呢？或者說，什麼樣的決策樹大小是合適的呢？

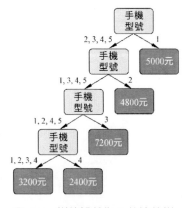

圖 4.5　訓練誤差為 0 的決策樹

事實上，如果不對決策樹的大小進行限制，可以很容易構造出一個訓練誤差非常小的決策樹。例如，對於表 4.2 中的數據，圖 4.5 中的決策樹訓練誤差為 0。那為什麼這樣的決策樹並不是我們想要的呢？因為它只是簡單地記錄了每種型號手機的價格，但並沒有學習任何手機定價的規律，因此也無法對新的樣本進行預測（回顧第 2 章中泛化的概念）。一般對 N 個互不相同的訓練數據，總是可以很容易地構造出一個有 N 片葉子的決策樹，使每片葉子上僅包含一個數據，且包含數據 x_i 的葉子輸出的預測值就是其標籤 y_i。這樣的決策樹訓練誤差為 0，但其過度擬合情況非常嚴重，每片葉子的預測值僅取決於一個樣本，嚴重缺乏代表性。

為了防止這種情況出現，在實際的訓練中，人們往往不會僅選擇一直分割增益最大的葉子節點的方法。更常見的做法是透過限制決策樹的大小，來保證決策樹具備較強的泛化能力，這種做法稱為剪枝。剪枝的方法可分為 2 種：①在決策樹的訓練過程中加入限制條件，避免違反這些限制條件的分割；②先訓練一個規模足夠大的決策樹，然後再刪去多餘的樹分支。我們稱前者為預剪枝，稱後者為後剪枝。

在預剪枝中，常用以下幾種限制條件：

（1）限制樹的最大深度。如果所有葉子都已經達到最大深度，將停止訓練。

（2）限制樹的最大葉子數目。如果葉子數目達到這個上限，將停止訓練。

（3）限制每片葉子上最少的樣本數。例如，規定每片葉子上至少有 10 個樣本。如果一個分割條件會產生樣本數少於 10 的葉子，該分割條件將不被考慮。

（4）規定分割帶來的分割增益的下限。比如，規定此下限為 0.3，那

麼將不考慮所有導致訓練誤差下降達不到 0.3 的分割條件。對於沒有超過下限的分割條件的葉子，我們將停止對其進行分割。

（5）利用驗證集進行預剪枝。如果有驗證集，可在決策樹的訓練過程中，不斷用驗證集進行評估。如果一次分割無法降低驗證集上的誤差，該分割將不被進行。

圖 4.6 是一個使用上述條件（4）進行預剪枝的例子，每個節點上的數字表示該節點中的最優分割條件的分割增益。我們規定分割增益下限為 10.0。使用按葉子訓練的方式，經過 2 步之後，所有葉子都沒有合適的分割條件，故訓練終止。

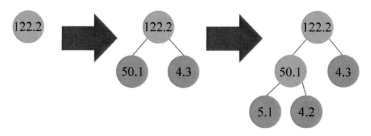

圖 4.6　基於分割增益的預剪枝

在後剪枝中，先將決策樹訓練到足夠大之後，再刪去一些不符合標準的子樹。評估每個子樹是否符合某個標準：如果是，則保留該子樹；否則將該子樹替換為一個葉子節點。這個過程將不斷地進行下去，直到所有子樹都符合該標準為止。後剪枝中常用的標準有：

（1）該子樹使驗證集上的誤差有所減少。在有驗證集的情況下，刪去那些對降低驗證集誤差沒有幫助的子樹。這部分子樹可能對訓練數據過度擬合，因此不能幫助降低驗證集誤差。

（2）該子樹不包含有足夠大分割增益的分割。這說明該子樹並沒有從數據中學習到具有顯著價值的訊息，很容易受到數據噪聲的影響。

　　圖 4.7 是一個使用上述條件（2）進行後剪枝的例子，與圖 4.6 使用一樣的數據集和按葉子訓練的方式。不同的是，我們在決策樹生長階段不進行預剪枝，而是允許它長到一個較大的規模，再進行後剪枝。

　　預剪枝和後剪枝各有優劣。預剪枝比後剪枝訓練開銷要小；但是後剪枝的眼光比較長遠：有一些分割可能達不到被預剪枝保留下來的標準，但它們能因為產生的子節點使全局分割更好而被保留下來。例如在圖 4.7 中，分割增益為 5.1 的中間節點的分割，可以被保留下來，由它產生的子樹也被保留。因為它的子樹中，存在分割增益夠大的中間節點。而在圖 4.6 的預剪枝中，該節點完全沒有繼續分割的機會。

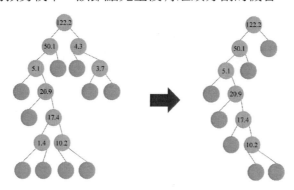

圖 4.7　基於分割增益的後剪枝

　　以下是按葉子分割，且採用限制最大葉子數目和葉子上最小樣本數的決策樹訓練算法的偽代碼。

算法 8：決策樹訓練

　　輸入：訓練資料，決策樹的最大葉子數目 T，每片葉子最小樣本數
　　　　　min_data_per_leaf。
　　輸出：單個決策樹。
　　1：初始化所有樣本在根節點上。
　　2：重複步驟 2.1~ 步驟 2.2，直到決策樹的葉子數目達到 T，或者

> 所有葉子都沒有符合條件的分割。
>
> 2.1：對每片葉子 j 計算出最優的分割條件和對應的最大分割增益 gain* j。在計算中，忽略產生新葉子上樣本數少於 min_data_per_leaf 的分割。
>
> 2.2：選擇 gain* j 最大的一片葉子，按照其最優分割條件進行分割，並計算出新葉子節點的預測值。

4.2　隨機森林

由於單個決策樹能表達的預測規則過於簡單，它通常無法在實際應用中達到很好的效果。因此，更多時候，人們會綜合使用多個決策樹來共同進行預測。這種透過綜合多個簡單機器學習模型（稱為基礎模型或子模型，base learner），構造更強大的學習模型的方法，稱為集成學習（ensemble learning）。本節我們介紹一種基於決策樹的集成學習方法 —— 隨機森林。

4.2.1　隨機森林的算法描述

隨機森林是一種基於決策樹的集成學習方法，它透過訓練多個決策樹進行綜合預測。在隨機森林中，每個樣本的預測值由這些決策樹對該樣本的預測值綜合決定。對於迴歸問題，隨機森林的預測輸出為所有決策樹預測的均值；對於分類問題，隨機森林對所有決策樹的預測類別進行投票，得票最高的類別作為最終的預測結果。

綜合多個決策樹的做法，有意義的前提是這些決策樹具有差異。為避免在訓練中，多個決策樹給出相同的預測，隨機森林在訓練每個決策樹時，會引入一定的隨機性，包括以下兩個方面：

（1）在訓練每個決策樹時，不使用全部訓練數據，而是從訓練數據

中選取一部分進行訓練。

（2）在決策樹訓練中，每次分割葉子節點時，隨機選取特徵的一個子集，僅從該子集中選取最優的分割條件。

下面以表 4.2 中的數據為例，介紹隨機森林的訓練過程。規定每個決策樹使用隨機選取的 80％訓練數據進行訓練，並且在分割葉子節點時，僅考量隨機選取的兩個特徵。此外，使用按層訓練的方法，並規定決策樹的最大深度為 1。

第 1 步：開始訓練第一棵樹。假設隨機採樣出手機型號為 1，2，3，5 的 4 條數據用於第一棵樹的訓練。開始時，這 4 個數據都在根節點上。假設根節點採樣出的候選分割特徵為內存和螢幕材質。按照 4.1.3 節選取最優分割條件的方法，求出對根節點最優的分割條件為「內存不超過 4 GB」，並計算出左右兩個葉子節點的數據價格均值分別為 32 和 32 和 $\frac{170}{3}=56.7$（圖 4.8），並作為它們的預測值。至此完成了第一棵樹的訓練，如表 4.4 所示。

表 4.4　隨機森林第一棵樹根節點的分割增益計算

內存 / GB	4	8	16	16
y_i / 百元	32	48	50	72
子節點 y_i 之和	32	170		
gain	$\frac{32^2}{1}+\frac{170^2}{3}-\frac{202^2}{4}=456.3$			

內存 / GB	4	8	16	16
y_i / 百元	32	48	50	72
子節點 y_i 之和	80		122	
gain	$\frac{80^2}{2}+\frac{122^2}{2}-\frac{202^2}{4}=441.0$			

螢幕材質	LCD	OLED	OLED	OLED
y_i / 百元	48	50	32	72
子節點 y_i 之和	48	154		
gain	$\frac{48^2}{1}+\frac{154^2}{3}-\frac{202^2}{4}=8.3$			

第 2 步：開始訓練第 2 棵樹。假設算法隨機採樣出手機型號為 2，3，4，5 的 4 條數據用於第 2 棵樹的訓練，並假設根節點採樣出的候選分割特徵為儲存空間和螢幕材質。透過計算可知，最優分割條件為「儲存空間不超過 128 GB」，且分割後左右兩個葉子節點的預測值分別為 $\frac{126}{3} = 42$ 和 72（圖 4.8）。至此完成了第 2 棵樹的訓練，如表 4.5 所示。

接下來，重複訓練決策樹，直到數目達到預定值為止。

表 4.5　隨機森林第 2 棵樹根節點的分割增益計算

儲存空間 / GB	128	128	128	256
y_i / 百元	50	32	44	72
子節點 y_i 之和	126			72
gain	$\frac{126^2}{3} + \frac{72^2}{1} - \frac{198^2}{4} = 675.0$			

螢幕材質	LCD	OLED	OLED	OLED
y_i / 百元	44	50	32	72
子節點 y_i 之和	44	154		
gain	$\frac{44^2}{1} + \frac{154^2}{3} - \frac{198^2}{4} = 40.3$			

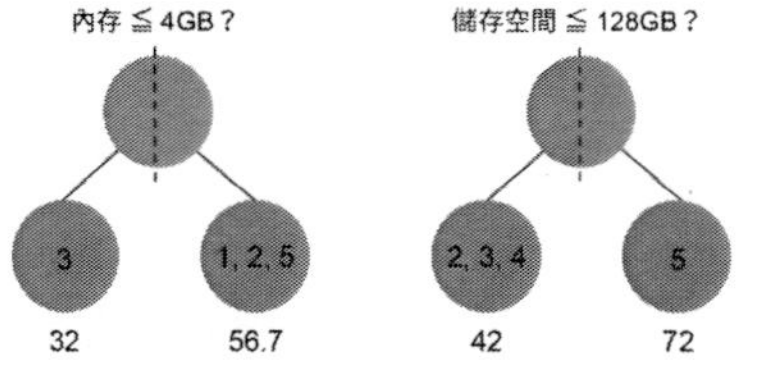

圖 4.8　表 4.2 數據訓練出的隨機森林的前 2 棵決策樹

隨機森林的偽代碼如下：

算法 9：隨機森林

輸入：訓練資料集，資料取樣率 α, 每個節點取樣特徵數目 p, 決策樹數目 K。

輸出：對於迴歸問題，輸出為所有決策樹的均值 $\frac{1}{K}\sum_{k=1}^{K} T_k(x)$；對於分問題，輸出為所有決策樹預測最多的類別 $\mathrm{argmax}\sum_{k=1}^{K} I[T_k(x) = c]$，當 $T_k(x) = c$ 時，$I[T_k(x) = c]$ 為 1, 否則為 0。

> 1: 重複以下步驟 K 次：
>
> 1.1: 取樣 α 的訓練資料。
>
> 1.2: 用 4.1.3 節中的決策樹訓練演算法訓練一棵決策樹。對每個葉子節點，只考慮使用隨機取樣的 p 個特徵，從這些特徵中選取該葉子節點的最優分割。

4.2.2　關於隨機性的探討

　　無論是在訓練中對採樣部分數據進行訓練，還是在分割節點時，僅考量特徵的子集，都會降低單個決策樹的預測效果。但這樣做，增加了不同決策樹之間的獨立性與差異性。將許多這樣的決策樹以這種方式組合起來，通常能夠得到比不引入隨機性更好的單個決策樹效果。

　　整體來說，在集成學習中，整合差異較大、獨立性較強的模型更能得到超越單個模型較多的效果。這可以理解為差異較大的模型互相彌補各自的不足。

4.3　梯度提升

　　梯度提升（gradient boosting）是另一種常用的集成學習方法。在隨機森林的訓練中，各個決策樹之間的訓練互不影響。而梯度提升的基本想法，是不斷訓練新的決策樹，以彌補已經訓練好的決策樹誤差。它與隨機森林最大的差別在於，它的各個子模型之間存在更強的依賴關係。

4.3.1　梯度提升的概念

　　假設有一個迴歸任務，目標是透過訓練最小化均方誤差，即

$$L = \min_{G} \frac{1}{N} \sum_{i=1}^{N} (G(x_i) - y_i)^2 \tag{1}$$

其中 $G(x_i)$ 是模型 G 在 x_i 點的預測輸出。為了達到這個目標，梯度提升方法會採用以下的方法訓練一系列模型 $F_1, F_2, \cdots$：假設目前已經得到前 n 個子模型 $F_1, F_2, \cdots, F_n$，那麼在訓練第 $n+1$ 個模型 F_{n+1} 時，令 $G_n(x_i) = \sum_{j=1}^{n} F_j(x_i)$ 為前 n 個模型的預測結果，並採用如下的目標函數

$$\min_{F_{n+1}} \sum_{i=1}^{N} (G_n(x_i) + F_{n+1}(x_i) - y_i)^2 \tag{2}$$

我們可以認為 F_{n+1} 是在數據集 $\{(x_i, y_i - G_n(x_i))\}$ 上訓練，即訓練數據的標籤變為前 n 步結果之和的殘差。如果將公式 (1) 看成是一個以 $G(x_1), G(x_2), \cdots, G(x_N)$ 為變量的多元函數，不難發現 $\frac{2}{N}(G_n(x_i) - y_i)$ 就是函數 L 對 $G(x_i)$ 的導函數在 $G(x_i) = G_n(x_i)$ 處的取值。因此，$F_n + 1$ 是在擬合該多元函數在 $(G_n(x_1), G_n(x_2), \cdots, G_n(x_N))$ 處的負梯度。

對於均方誤差以外的訓練目標函數 L，雖然不能直接將 F_{n+1} 理解為基於殘差進行訓練，但仍然可以透過擬合負梯度的方式來進行梯度提升。具體來說，令

$$g_{n,i} = -\left. \frac{\partial L}{\partial G(x_i)} \right|_{G(x_i) = G_n(x_i)}$$

這裡將 L 理解成 G 的函數。例如 L 取公式 (1) 的目標函數，則該偏導 $g_{n,i} = -\frac{2}{N}(G_n(x_i) - y_i)$（這就是公式 (2) 的形式）。算出 $g_{n,i}$ 後，第 $n+1$ 步的訓練目標可以表示為

$$\min_{F_{n+1}} \sum_{i=1}^{N} (F_{n+1}(x_i) - g_{n,i})^2$$

梯度提升使用的子模型通常是類似決策樹這樣的簡單模型。在實際應用中，即使每個子模型均為只有幾片葉子的簡單決策樹，經過多輪梯度提升的訓練之後，也能獲得不錯的結果。由於這個方法的應用廣泛，以下對其具體的算法進行詳細介紹。

4.3.2　基於決策樹子模型的梯度提升算法

基於決策樹子模型的梯度提升算法（gradient boosted decision trees，GBDT），是當前最常用的機器學習算法之一，廣泛應用於廣告點擊率預測、網頁排序等領域。對於最小化均方誤差的迴歸問題，GBDT 中決策樹的訓練與單獨訓練一個決策樹採用同樣的算法。但如 4.3.1 節介紹，它們主要的不同在於 GBDT 中每個決策樹使用的數據標籤不同，例如對最小化均方誤差的迴歸問題，第 $n+1$ 個決策樹的數據標籤是前 n 個決策樹擬合結果的殘差，即 $y_i - G_n(x_i)$。

下面透過表 4.2 中的數據集來說明 GBDT（見圖 4.9），並介紹 GBDT 的一些重要細節。為便於讀者理解，在決策樹的訓練中，僅使用手機的內存、儲存空間和螢幕材質 3 個特徵。另外，我們使用按葉子訓練並規定每個決策樹最多有 3 個葉子節點。

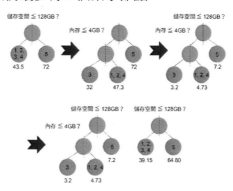

圖 4.9　GBDT 在表 4.2 數據集上的訓練過程

第 1 步：開始時所有數據點都落在根節點上。透過比較 3 個特徵的所有閾值（表 4.6，圖 4.2），可以發現以「儲存空間是否超過 128 GB」為條件，分割增益最大。採用這個分割後，左邊的葉子節點有型號 1，2，3，4 共 4 部手機，預測值為 $\frac{50+48+32+44}{4}=43.5$。而右邊的葉子節點只有型號 5 一部手機，預測值為 72。

表 4.6　3 個特徵所有閾值的評估（第一棵決策樹，根節點）

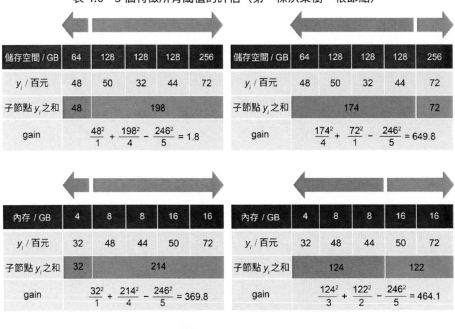

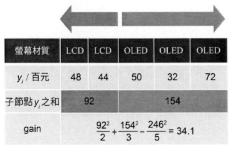

　　第 2 步：由於右邊的葉子節點僅剩一個樣本，無法進一步分割，因此進一步分割左邊的葉子節點（表 4.7）。經過計算發現，以「內存是否超過 4 GB」作為分割條件最佳。此時左邊子節點的預測值為 32，右邊子節點的預測值為 $\dfrac{48+44+50}{3}=47.3$。完成此次分割後，第一棵樹已有 3 個葉子節點，達到了事先規定的節點最大值，因此第一棵樹訓練完畢。

　　第 3 步：接下來訓練第 2 棵樹。首先，計算第一棵樹擬合的殘差。透過計算可以發現 $y_i - G_1\,(x_i)$ 的值非常小（見表 4.8 左表），即第一棵樹已經接近擬合了原始的標籤。在這種情況下，後面的樹產生的作用將微乎其微。為了給後續的訓練留下更多的調整空間，GBDT 會在每個決策樹訓練完成之後，將葉子上的預測值乘上一個較小的常數 η，其作用類似於梯度下降中的學習率。這個操作被稱為收縮（shrinkage）。在表 4.8 的右表中 η 為 0.1。

表 4.7　3 個特徵所有閾值的評估（第一棵決策樹，左邊子節點）

儲存空間 / GB	64	128	128	128
y_i / 百元	48	50	32	44
子節點 y_i 之和	48	126		
gain	$\dfrac{48^2}{1}+\dfrac{126^2}{3}-\dfrac{174^2}{4}=27.0$			

螢幕材質	LCD	LCD	OLED	OLED
y_i / 百元	48	44	50	32
子節點 y_i 之和	92		82	
gain	$\dfrac{92^2}{2}+\dfrac{82^2}{2}-\dfrac{174^2}{4}=25$			

內存 / GB	4	8	8	16
y_i / 百元	32	48	44	50
子節點 y_i 之和	32	142		
gain	$\dfrac{32^2}{1}+\dfrac{142^2}{3}-\dfrac{174^2}{4}=176.3$			

內存 / GB	4	8	8	16
y_i / 百元	32	48	44	50
子節點 y_i 之和	124			50
gain	$\dfrac{124^2}{3}+\dfrac{50^2}{1}-\dfrac{174^2}{4}=56.3$			

表 4.8　第 2 棵樹擬合的殘差（第一棵樹進行收縮前後）

手機型號	1	2	3	4	5
y_i	48	50	32	44	72
$G_1(x_i)$	47.3	47.3	32	47.3	72
$y_i - G_1(x_i)$	0.7	2.7	0	-3.3	0

手機型號	1	2	3	4	5
y_i	48	50	32	44	72
$G_1(x_i)$	4.73	4.73	3.2	4.73	7.2
$y_i - G_1(x_i)$	43.27	45.27	28.80	39.27	64.80

第 4 步：利用第 3 步算出的殘差求出第 2 棵樹根節點的最優分割條件為「儲存空間是否超過 128 GB」（表 4.9）。這時左邊子節點的預測值為 = 39.15，右邊子節點的預測值為 64.80。

表 4.9　3 個特徵所有閾值的評估（第 2 棵決策樹，根節點）

儲存空間 / GB	64	128	128	128	256
$y_i - G_1(x_i)$	43.27	45.27	28.80	39.27	64.80
子節點殘差之和	43.27	178.14			
gain	$\dfrac{43.27^2}{1} + \dfrac{178.14^2}{4} - \dfrac{221.41^2}{5} = 1.3$				

儲存空間 / GB	64	128	128	128	256
y_i / 百元	43.27	45.27	28.80	39.27	64.80
子節點殘差之和	156.61				64.80
gain	$\dfrac{156.61^2}{4} + \dfrac{64.80^2}{1} - \dfrac{221.41^2}{5} = 526.2$				

內存 / GB	4	8	8	16	16
y_i / 百元	28.80	43.27	39.27	45.27	64.80
子節點殘差之和	28.80	192.61			
gain	$\dfrac{28.80^2}{1} + \dfrac{192.61^2}{4} - \dfrac{221.41^2}{5} = 299.6$				

內存 / GB	4	8	8	16	16
y_i / 百元	28.80	43.27	39.27	45.27	64.80
子節點殘差之和	111.34			110.07	
gain	$\dfrac{111.34^2}{3} + \dfrac{110.07^2}{2} - \dfrac{221.41^2}{5} = 385.4$				

螢幕材質	LCD	LCD	OLED	OLED	OLED
$y_i - G_1(x_i)$	43.27	39.27	45.27	28.80	64.80
子節點殘差之和	82.54		138.87		
gain	$\dfrac{82.54^2}{2} + \dfrac{138.87^2}{3} - \dfrac{221.41^2}{5} = 30.2$				

　　第 2 棵決策樹完成訓練之後，仍然會進行收縮並加入到當前預測結果中，然後計算新的殘差並開始第 3 棵樹的訓練。如此反覆，直到訓練完預定數目的樹為止。

　　GBDT 訓練算法的偽代碼如下，其中 $\widehat{y_i^0}=0$；當 $k>1$ 時 $\widehat{y_i^{k-1}} = \sum_{j=1}^{k-1} \eta T_j(x_i)$ 為前 $k-1$ 個決策樹的預測值。

算法 10：梯度提升樹（GBDT）

輸入：資料集 $D=\{(x_i,y_i)\}_{i=1}^N$，決策樹數目 K，收縮常數 η。

輸出：決策樹的集合 T_1, T_2, $\cdots$, T_K。

1:　重複以下步驟 K 次，對 k=1, 2, $\cdots$, K：

1.1:　　　利用當前每個資料點的預測值和標籤計算負梯度

$$g_i^k = -\frac{\partial l(\hat{y}_i^{k-1}, y_i)}{\partial \hat{y}_i^{k-1}}$$

1.2:　　　將數據集 D 的標籤 y_i 替換為 g_i^k，訓練出決策樹 T_k。

4.3.3　GBDT 中的防過度擬合方法

　　與邏輯迴歸和神經網路（將在第 5 章介紹）等方法一樣，GBDT 的防過度擬合措施也是在損失函數中加入正則項。具體來說，在第 $n+1$ 輪的損失函數中，我們加入一項 $\Omega(T_{n+1})$ 來表示決策樹 T_{n+1} 的複雜度。此時，損失函數變為

$$L(T_{n+1}) = \sum_{i=1}^N \frac{1}{N}(G_n(x_i) + T_{n+1}(x_i) - y_i)^2 + \Omega(T_{n+1})$$

$\Omega(T_{n+1})$ 有多種選擇，其中一個常見的形式為

$$\Omega(T_{n+1}) = \alpha \mid T_{n+1} \mid + \beta \sum_{j \in T_{n+1}} w_j^2 + \gamma \sum_{j \in T_{n+1}} \mid w_j \mid$$

這裡第一項表示 T_{n+1} 中葉子的數目（透過前面的討論，我們知道過多的葉子數容易導致過度擬合），第 2 項和第 3 項控制了每片葉子上預測值的大小，類似第 3 章中脊迴歸和 Lasso 迴歸中的 L2 和 L1 正則。

在 4.1 節中已經提到，當決策樹葉子上的樣本數目過少時，很容易導致過度擬合。因此，GBDT 通常會給每片葉子上的樣本數目加一個下限。如果某個分割會導致新葉子節點上的數據量小於此閾值，則該分割將不被考慮。

GBDT 也可以採用隨機森林中的樣本採樣（bootstrap）和特徵採樣方法，即每個決策樹只使用隨機選取的部分數據與部分特徵進行訓練。最後，4.3.2 節中提到的收縮也能造成防止過度擬合的作用。它能減小每個單獨決策樹的作用，避免 GBDT 在疊代的前幾輪過快地收斂到次優的結果。

4.3.4　GBDT 的高效開源實現

GBDT 是當前除深度神經網路外，使用最廣泛的機器學習模型之一。目前使用最廣泛的 GBDT 高效開源實現包括：XGBoost、Light GBM 和 Cat Boost。其中 XGBoost 開源於 2015 年，首次利用了二階導數訊息進行更快速的疊代，並支持快速和分布式訓練大規模數據。Light GBM 開源於 2017 年，相比於 XGBoost 更加注重速度和內存使用的優化，因此訓練速度更快。Cat Boost 開源於 2017 年，它修改了傳統的提升（Boosting）過程，進一步控制了過度擬合。此外，Cat Boost 還利用標籤訊息將離散型變量編碼為數值型變量，並自動對多個特徵進行組合，得到新的交叉特徵。因此在不進行額外特徵工程的情況下，Cat Boost 往往能獲得相對準確的預測結果。

本章總結

　　本章介紹了決策樹及基於決策樹的 2 種集成學習算法：隨機森林和梯度提升樹。我們先介紹了決策樹的定義和單個決策樹的訓練算法。隨後介紹了隨機森林如何利用隨機性，在同一個訓練集上訓練出多個不同的決策樹，並透過整合這些決策樹的結果，達到超過單個決策樹的效果。最後介紹了梯度提升算法，透過擬合已有子模型的結果相對於數據標籤的殘差或負梯度，來訓練新的子模型，不斷提升集成模型的總體效果，並介紹了基於決策樹的梯度提升算法，即梯度提升樹。

歷史回顧

　　決策樹是一個古老的模型，其歷史可追溯到 Morgan 和 Sonquist 在 1963 年發表的論文 [1]。在多年的發展過程中，決策樹產生了許多變種，比較著名的包括 CART [2]（classification and regression trees）、ID3 [3]、C4.5 [4] 等。本章介紹的算法是 CART 在迴歸問題下的情形。Wei–Yin Loh [5] 對決策樹幾十年的發展歷史做了詳細的總結。隨機森林最早由 Leo Breiman [6] 在 2001 年提出，梯度提升則由 Jerome Harold Friedman [7] 在 1999 年提出。陳天奇等人使用 2016 年開源的 XGBoost [8] 在文獻 [7] 的基礎上，總結出使用二階導數訊息的梯度提升算法，並提出了收縮和其他正則化方法，這些方法組成了目前 GBDT 算法的一般框架，並被後續的 Light GBM [9] 和 Cat Boost [10] 繼承。

參考文獻

[1]　Morgan J N，Sonquist J A. Problems in the analysis of survey data，and a proposal[J]. Journal of the American Statistical Association，1963，58 (302)：415–434.

[2]　Breiman L. Classification and Regression Trees[M]. Routledge & CRC Press，2017.

[3]　Quinlan J R. Induction of decision trees[J]. Machine Learning，1986，1 (1)：81–106.

[4]　Quinlan J R. C4. 5：Programs for Machine Learning[M]. Elsevier，2014.

[5]　Loh W Y. Fifty years of classification and regression trees[J]. International Statistical Review，2014，82 (3)：329–348.

[6]　Breiman L. Random forests[J]. Machine Learning，2001，45 (1)：5–32.

[7]　Friedman J H. Greedy function approximation：a gradient boosting machine[J]. Annals of Statistics，2001：1189–1232.

[8]　Chen T，Guestrin C. Xgboost：A scalable tree boosting system[C]. Proceedings of the 22nd ACM sigkdd International Conference on Knowledge Discovery and Data Mining. ACM，2016：785–794.

[9]　Ke G，Meng Q，Finley T，et al. Lightgbm：A highly efficient gradient boosting decision tree[C]. Advances in Neural Information Processing Systems. 2017：3146–3154.

[10]　Prokhorenkova L，Gusev G，Vorobev A，et al. CatBoost：unbiased boosting with categorical features[C]. Advances in Neural Information Processing Systems. 2018：6638–6648.

練習題

1. 繼續完成 4.3.2 節中例子的訓練,直到第 3 棵決策樹訓練完畢。

2. 對於一些機器學習模型(如神經網路),對特徵進行歸一化是必要的。對於本章提到的基於決策樹的一系列演算法,歸一化是否會影響結果?

3. 一個有 k 層節點的完全二元樹,其葉子節點全部在第 k 層,且每個內點有兩個葉子節點。請說明完全二元樹有 $2^k - 1$ 個節點,寫出推導過程。

4. 「在隨機森林模型中,由於樹都是隨機建立的,後建立的樹和之前建立的樹完全沒有任何關係。」請問這句話對嗎?為什麼?

5. 在梯度提升模型中,收縮常數 η 決定了學習的速度,是一個重要的超參數。請描述如果把 η 設置得非常大或非常小的後果分別是什麼?

6. 每個決策樹的最大規模、收縮常數 η 以及 boosting 的輪數是 GBDT 3 個非常重要的超參數。對 GBDT 進行手動調參時,在計算資源有限的情況下,可以先固定好 η 以及 boosting 的輪數,然後調整出合適的決策樹最大規模,再細調另外兩個超參。為了節省計算資源,你認為開始時固定的 η 取值應該較大還是較小?

7. 在 GBDT 中使用樣本採樣,當單個樹使用的訓練樣本比例減少時,你認為為了達到相同的訓練誤差,所需要的 boosting 輪數應該如何變化?

8. 有 5 個決策樹模型,它們的參數、訓練和驗證集誤差如下表所示。請問你會選擇哪個模型作為最終模型?為什麼?

序號	深度	訓練誤差	驗證集誤差
1	2	100	110
2	4	90	105
3	6	50	100
4	8	45	105
5	10	30	150

9. 本章中展示算法使用的例子都是迴歸問題。現在探究一個二分類問題的例子，使用的數據集如下。

數據編號	1	2	3	4	5
特徵1	0	1	1	2	2
特徵2	1	1	0	1	2
標籤	0	1	1	0	0

以最小化分類錯誤率為目標，即

$$\frac{1}{N}\sum_{i=1}^{N}l(\hat{y}_l,y_i)=\frac{1}{N}\sum_{i=1}^{N}I(\hat{y}_l\neq y_i)$$

在二分類問題中，決策樹葉子的輸出為 0/1 類別值。請說明在最小化分類錯誤率時，如何選取最優分割條件，並訓練一棵決策樹對以上數據進行分類（決策樹可訓練得足夠大，直到分類錯誤率為 0）。

10. 通常決策樹的中間節點都只涉及一個特徵，但有時也可以用更多特徵和更複雜的判斷函數。例如可以用包含兩個特徵的線性函數（例如 $0.3\times$ 特徵 $1-0.5\times$ 特徵 $2\leqslant 1$）。針對練習題 9 的例子，訓練一棵這樣的決策樹：要求你的決策樹最多有 3 個葉子，並且分類錯誤率最小。（在有兩個特徵的情況下，可以把數據劃在平面上。每個判斷函數對應一條將平面分成 2 部分的直線）。

11. 在 4.3.2 節中，我們提到了一種 GBDT 的防過度擬合手段，是在每一輪的損失函數中加入正則項

$$\Omega(T) = \alpha \mid T \mid + \beta \sum_{j \in T} w_j^2 + \gamma \sum_{j \in T} \mid w_j \mid$$

加入 Ω（T）之後，每片葉子 j 對損失函數的貢獻不僅僅是葉子上樣本點的誤差總和 $\sum_{i \in I_j} l(w_j, y_i)$。將 Ω（T）中的各項拆分到每片葉子上之後，葉子 j 對損失函數的貢獻變為

$$\sum_{i \in I_j} l(w_j, y_i) + \beta w_j^2 + \gamma \mid w_j \mid + \alpha$$

假設我們在處理迴歸問題，並且在訓練 GBDT 中的第一棵樹，則 4.1.3.2 節中分割條件的評估標準 g（j，x_k，t）也會因為正則項而發生改變。請重新寫出此時葉子 j 上最優預測值 w_j^* 和 g（j，x_k，t），並思考正則項對 w_j^* 產生的影響。

12. 在選取一個數值特徵的最優分割條件時，我們遍歷了每個可能的閾值。當數據量較大時，逐個考慮這些閾值來評估他們的分割增益，需要很大的開銷。為了減小這一部分開銷，現有的 GBDT 實現都會只使用一小部分閾值作為候選切分點，這樣雖然不能找到精確的最優切分，但是往往足夠訓練出好的結果，有時候反而還能提高泛化性能。請探究一個數值特徵，其在訓練集中的取值隨機地分布在區間 [0，1] 中。為了保證找到的切分點與精確的最優切分點之間的距離不超過 ε，應該如何設置候選切分點？一次分割你的算法能比以前快多少倍？

---

(1) https：//www.kaggle.com/，該網站上包含大量數據科學的在線競賽和數據集。

(2) 一個有 k 層節點的完全二元樹，其葉子全部在第 k 層，且每個中間節點有兩個子節點。很容易算出一個這樣的完全二元樹有 $2^k - 1$ 個節點。

第 5 章

神經網路

引言

在第 3 章中,我們學習了線性迴歸 / 線性分類算法。但線性函數只能表示線性關係,無法處理更加複雜的輸入和輸出間的非線性關係。為了解決這個問題,人們做過各種嘗試。其中比較成功的是神經網路,它可以用來表示非常複雜的函數。神經網路的應用十分廣泛,例如可以用來做人臉識別、下圍棋(著名的 AlphaGo 就使用了神經網路)、機器翻譯、自動駕駛……等。可以預見,未來人們將會用它做越來越多的事情。

本章將先從深度線性網路談起,理解為什麼簡單疊加多層線性網路對於函數表達能力毫無提升,因此需要在網路中加入非線性的元素,以得到更強的表達能力,激勵函數就是神經網路中的非線性元素。神經網路的優化算法仍然是梯度下降法,相比線性模型,神經網路的導數計算更為複雜。具體來說,它採取的導數計算方法稱為反向傳播,其核心概念是透過多次使用求導的連鎖律得到導數。

5.1　深度線性網路

深度線性網路是神經網路最簡單的形式。所謂深度線性網路,就是將許多線性迴歸函數疊加到一起之後得到的函數。將前面使用的線性迴歸的權重 $w \in R^d$ 記為一個矩陣 $W_1 \in R^{1 \times d}$,普通的線性迴歸就可以寫成 $f_{W_1}(x) = W_1 x$。進一步地,我們可以定義 2 層的線性網路,即 $W_1 \in R^{1 \times d_1}$,$W_2 \in R^{d_1 \times d_2}$,$f_{W_1, W_2}(x) = W_1 W_2 x$。圖 5.1 是 $f_{W_1, W_2}(x)$ 示意圖。注意到,這裡的 $d_1 = 4$,$d_2 = 3$,即輸入為三維的向量,透過一個參數矩陣之後,得到一個四維的向量;然後再透過一個線性迴歸,得到最終的結

果。其下方為第 1 層,使用一個 $1 \times d_1$ 的向量;中間為第 2 層,使用一個 $d_1 \times d_2$ 的矩陣。

沿著這個思路,可以定義 k 層的線性網路,分別有 $d_0 = 1$, d_1, $\cdots$, d_k 以 及 參 數 矩 陣 W_1, W_2, $\cdots$, W_k, 使 得 $W_i \in R^{d_{i-1} \times d_i}$, 並且 $f_{W_1, W_2, \cdots, W_k}(x) = \prod_{i=1}^{k} W_i x$。換言之,這是 k 個大小合適的矩陣連續作用在輸入 x 上。雖然這個多層函數看起來非常複雜,但它的表達能力與普通的線性迴歸完全一樣。這是因為矩陣滿足結合律:假如定義 $W = \prod_{i=1}^{k} W_i \in R^{1 \times d_k}$,即所有參數矩陣連乘,那麼可以得到 $f_{W_1, W_2, \cdots, W_k}(x) = \prod_{i=1}^{k} W_i x = W x = f_W(x)$。因此 k 層的線性網路退化成為普通的線性迴歸。

從這個例子可以看出,我們無法透過單純疊加網路的層數得到一個比線性迴歸更加複雜的模型。我們還需在網路中增加非線性元素,否則新模型除了增加運算量之外,與線性函數並無二致。

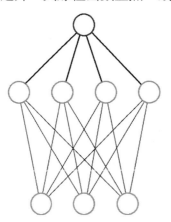

圖 5.1　2 層線性網路

5.2　非線性神經網路

最常用的激勵函數叫做 ReLU（rectified linear units）函數。如圖 5.2 所示，它的形式非常簡單。ReLU 函數的輸入是一個實數。如果該實數大於等於 0，則輸出為該實數；否則，輸出為 0。換言之，ReLU 函數將所有的負數變成 0，非負數保持不變。很明顯，這個函數不是線性函數，因為無法用一條直線表示該函數。透過將這樣的非線性元素引入到神經網路的線性層中，能有效避免多個線性層無意義疊加。

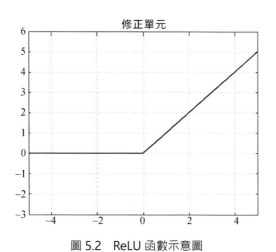

圖 5.2　ReLU 函數示意圖

圖 5.3 是引入 ReLU 函數後的神經網路的例子，即在每個線性層之後，對輸出進行一個非線性的操作。

圖 5.3 附上了數值的計算。例如，如果第 1 層得到的結果是（1，2，－4，－1），那麼透過 ReLU 層之後，可以得到（1，2，0，0），即把其中的負數部分清零。圖 5.3 中的網路結構是最簡單的非線性神經網路，這樣的網路稱為全連接網路。

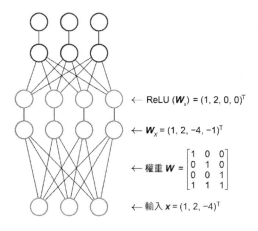

圖 5.3 非線性網路示意圖 (右邊是數值的例子)

除了 ReLU 函數，還可以使用其他的激勵函數。例如第 3 章介紹的 sigmoid 函數 $S(x) = \dfrac{1}{1+\mathrm{e}^{-x}} = \dfrac{\mathrm{e}^x}{\mathrm{e}^x+1}$，這個函數保證最後得到的結果一定在 $[0，1]$ 範圍內。Sigmoid 函數也能提供足夠的非線性元素，讓神經網路擁有強大的表達能力。事實上，早在 1990 年代，人們就證明了足夠寬的 2 層神經網路可用以近似任何連續函數。不過，利用 sigmoid 函數在計算導數時，容易出現離 0 點越遠，導數越小的問題，因而影響神經網路的優化。因此，在很多實際應用中，人們會優先選擇 ReLU 函數等其他激勵函數。常用的其他激勵函數還包括 leaky–ReLU 函數、tanh 函數……等，如圖 5.4 所示。

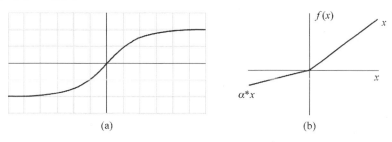

圖 5.4 tanh 函數 (a) 與 leaky–ReLU 函數 (b)

5.3　反向傳播計算導數

在 5.2 節中，介紹了神經網路的基本組成，本節將會說明如何使用梯度下降法對神經網路參數進行優化。

在梯度下降法中，需要計算損失函數對神經網路參數的導數，然後使用這個導數對參數進行疊代優化。在計算導數的過程中，需要採用連鎖律。簡單來說，一個複合函數 $f_1\,(f_2\,(f_3\,(\mathrm{x})))$ 的導數，可以寫成 $\nabla f_1 \cdot \nabla f_2 \cdot \nabla f_3$ 的形式。以下用一個例子來說明如何計算導數。

假設損失函數是平方函數，即 $L = \dfrac{1}{2}(f(x;w)-y)^2$。其中 w 表示 f 所有的參數，x 表示輸入，y 表示正確的輸出，$f\,(x;w)$ 表示參數為 w 的神經網路針對輸入 x 的輸出。那麼，可以得到損失函數針對 $\partial f\,(x;w)$ 的導數為 $\dfrac{\partial L}{\partial f(x;w)} = f(x;w)-y$。但僅僅得到這個導數是不夠的，我們需要得到 L 關於不同參數 w 的導數。考慮到神經網路的層級結構，下面用 $x_i^{(j)}$ 代表神經網路第 j 層的第 i 個輸出。注意到 $f\,(x;w)$ 是神經網路最後一層的唯一一個輸出，而且我們已經計算出了損失函數對於該層輸出的導數 $\dfrac{\partial L}{\partial f(x;w)}$。

假設已經計算出 $\dfrac{\partial L}{\partial x_i^{(l+1)}}$，即損失函數關於第 $l+1$ 層輸出的導數，則可以透過圖 5.5 所示的反向傳播算法計算損失函數關於第 l 層輸出的導數 $\dfrac{\partial L}{\partial x_i^l}$。

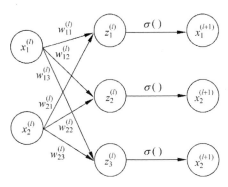

圖 5.5 反向傳播算法

記 $z_i^{(l)}$ 為 沒 有 透 過 第1層 激 勵 函 數 的 結 果，並 首 先 計 算

$\dfrac{\partial L}{\partial z_i^{(l)}} = \dfrac{\partial L}{\partial x_i^{(l+1)}} \dfrac{\partial x_i^{(l+1)}}{\partial z_i^{(l)}}$。根據連鎖律，它可以被拆分成 2 項的乘積，即

$\dfrac{\partial L}{\partial x_i^{(l+1)}} \dfrac{\partial x_i^{(l+1)}}{\partial z_i^{(l)}}$。其中，第 1 項是已經得到的導數，而第 2 項是關於激

勵函數的導數。以 Relu 激勵函數為例，它的導數形式十分簡潔，如果

$z_i^{(l)} \geqslant 0$，那麼導數就等於 1，否則就是 0。將 2 項得到的結果相乘，便

可得到 $\dfrac{\partial L}{\partial z_i^{(l)}}$。接下來，再次使用連鎖律，得到 $\dfrac{\partial L}{\partial x_i^{(l)}} = \sum_k \dfrac{\partial L}{\partial z_k^{(l)}} \dfrac{\partial z_k^{(l)}}{\partial x_i^{(l)}}$。

其中，由於 $z_k^{(l)} = \sum_t w_{tk}^{(l)} x_t^{(l)}$，因此有 $\dfrac{\partial z_k^{(l)}}{\partial x_i^{(l)}} = w_{ik}$。透過這樣的方式，便

可計算得到 $\dfrac{\partial L}{\partial x_i^{(l)}}$，即損失函數對於第1層輸出的導數。我們可以重複這

個步驟繼續向前傳播，直到第 1 層（輸入層），便可得到 $\dfrac{\partial L}{\partial x}$。

在向前傳播的過程中，還可以使用連鎖律計算出損失函數針對參數

w 的導數。仍然以圖 5.5 為例，我們可計算得到 $\dfrac{\partial L}{\partial w_{ij}^{(l)}} = \dfrac{\partial L}{\partial z_j^{(l)}} \dfrac{\partial z_j^{(l)}}{\partial w_{ij}^{(l)}}$。這

裡，$\dfrac{\partial z_j^{(l)}}{\partial w_{ij}^{(l)}}$ 表示 $z_j^{(l)}$ 對於 $w_{ij}^{(l)}$ 的導數，由於 $z_j^{(l)} = \sum\limits_k w_{kj}^{(l)} x_k^{(l)}$，其值等

於 $x_i^{(l)}$。

上述導數的計算是從後向前逐層計算的，所以這個算法稱為反向傳播。目前，反向傳播在主流的神經網路平臺中都已經可以自動化實現，因此不需要用戶手動實現。

下面來看一個反向傳播的具體例子。網路的具體參數如圖 5.6 所示。

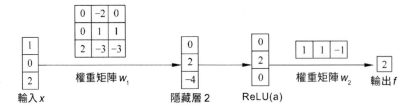

圖 5.6　反向傳播舉例

針對這個例子，如何計算下面的導數 $\dfrac{\partial f}{\partial W_2}$ 和 $\dfrac{\partial f}{\partial W_1}$ 呢？

根據之前介紹的反向傳播算法，可以得到如下的結果：

$$\frac{\partial f}{\partial \boldsymbol{W}_2} = a^{\mathrm{T}} = (0,2,0)$$

同理，

$$\frac{\partial f}{\partial \boldsymbol{W}_1} = \frac{\partial f}{\partial z} \frac{\partial z}{\partial \boldsymbol{W}_1} = \begin{pmatrix} 0 & 0 & 0 \\ 1 & 0 & 2 \\ 0 & 0 & 0 \end{pmatrix}$$

為了求得 f 關於 W_1 的導數，我們使用連鎖律，先計算 $\dfrac{\partial f}{\partial z} = (0,1,0)^{\mathrm{T}}$，然後

計算 $= \dfrac{\partial z}{\partial \boldsymbol{W}_1} = (1,0,2)$。這兩個向量相乘就可以得到矩陣 $\begin{pmatrix} 0 & 0 & 0 \\ 1 & 0 & 2 \\ 0 & 0 & 0 \end{pmatrix}$。

為什麼是這樣的結果呢？$\frac{\partial f}{\partial z} = (0,1,0)^{\mathrm{T}}$ 比較好理解，因為我們知道把 a 和 W_2 兩個向量相乘得到 f，即 $W_2 a = f$，所以 $\frac{\partial f}{\partial a}$ 是 $\mathbf{W}_2^{\mathrm{T}} = (1,1,-1)^{\mathrm{T}}$。

而 $\frac{\partial f}{\partial z} = \frac{\partial f}{\partial a}\frac{\partial a}{\partial z} = (1,1,-1)^{\mathrm{T}} * (0,1,0)$，這裡的乘號表示按位相乘，而不是向量的內積，所以我們可以得到 $(0,1,0)^{T}$。而 $z = W_1 x$，所以 $\frac{\partial z}{\partial W_1} = (1,0,2)$，表示在神經網路計算過程中，矩陣中的每一行需要作出什麼樣的改變，才能夠最大限度地影響 z 的取值。把兩個向量相乘，得到最後的矩陣。

本章總結

本章從線性網路談起，說明需要使用激勵函數來定義非線性網路。然後，介紹了常用的激勵函數，包括 ReLU 函數與 sigmoid 函數等。最後，介紹了反向傳播算法，其用於在優化神經網路的過程中計算導數。

歷史回顧

神經網路的名稱早在 1943 年就被 Warren McCulloch 與 Walter Pitts 提出。但早期的神經網路與現在的很不一樣，優化也非常困難。反向傳播算法大大改進了神經網路的優化，它是 David Rumelhart 等人在 1986 年提出來的。George Cybenko 在 1989 年證明，使用 sigmoid 激勵函數的 2 層神經網路，可用以近似任何連續函數。Yann Lecun 等人於 1989 年提出使用反向傳播算法與卷積網路學習手寫字符，這個方法成為現代電腦視覺的基本方法。

練習題

1. 現有一神經網路，可根據一位同學的 3 個特徵指標來判斷該同學的心理健康程度。若已知網路結構如下。

輸入層參數：特徵 1，特徵 2，特徵 3

第 1 層（線性層）參數：

$$\boldsymbol{W}_1 = \begin{pmatrix} 3 & 2 & 0 \\ 1 & 4 & 2 \\ 0 & 2 & -5 \end{pmatrix}$$

第 2 層（線性層）參數：

$$\boldsymbol{W}_2 = \begin{pmatrix} 1 \\ -0.5 \\ 2 \end{pmatrix}$$

小明同學的 3 個特徵指標為，請計算小明的心理健康程度。

$$\boldsymbol{X} = \begin{pmatrix} 7 \\ 5 \\ 6 \end{pmatrix}$$

2. 如果習題 1 中，在第 1 層與第 2 層計算後，附加了 ReLU 激勵函數，結果會怎樣？

3. 小明聽說學校人工智慧社訓練了一個淺層神經網路，透過輸入（體重，本月飲食消費，性別）3 個特徵，就可以預測發胖的機率。

非常具有鑽研精神的小明既想看看這個網路的準確度，也因為自己這個月吃了太多而不好意思公開測試，就向該社團團員要了神經網路的結構和參數，如下。

輸入層：體重（kg），本月消費（元），性別（男、女分別用 0 和 1 表示）

第 1 層參數：

$$W_1 = \begin{pmatrix} 4 & 7 & 1 \\ 2 & 5 & 9 \\ 3 & 8 & 6 \end{pmatrix}$$

第 2 層參數：

$$W_2 = \begin{pmatrix} 0 \\ -0.0001 \\ 0.0002 \end{pmatrix}$$

第 2 層之後的激勵函數：sigmoid 函數，即 $\dfrac{1}{1-e^{-x}}$

其中第 1 層和第 2 層之間無激勵函數。

已知小明體重為 70kg，本月飲食消費為 2,000 元，性別男（即為 0）。讓我們來幫小明算一算他會不會變胖吧！

註：公式為。

$$\mathrm{sigmoid}(W_2^T(W_1^T X)), X = \begin{pmatrix} 70 \\ 2000 \\ 0 \end{pmatrix}$$

4. 請從優化的角度談談，為什麼在實際應用中，人們會優先選擇 ReLU 函數作為激勵函數，而不是 sigmoid 函數？

5. 探究一個已經訓練好的神經網路 f，一個圖片 x，該圖的類別為 y。透過優化以下式子來得到一個 δ

$$\max_{\delta} l(f(x+\delta), y)$$

　　注意，我們限制 δ 的取值在一個很小的範圍，使圖片 $x + δ$ 與圖片 x 在視覺上相差無幾，幾乎一樣。我們不妨定義 $x' = x + δ$。

　　這種精心構造的 x'，與 x 十分相像，但是 f 卻認為 x' 的 label 不應當是 y，如果認為 x' 的 label 是 y，損失函數很大。你是否認為存在這種精心構造能破壞神經網路準確度的 x' 是神經網路的弊端？談談你的理解。

　　6. 判斷題

　　深度線性網路在表達能力上，比一個線性迴歸模型強。

　　7. 請簡述在什麼情況下，神經網路會退化成 logistic 迴歸。

第 6 章

電腦視覺

引言

　　視覺是人類智慧的一個重要組成部分。我們透過視覺系統可以實時、精確地獲取大量訊息。一個人工智慧系統也需要具備視覺感知的能力。對人類而言，視覺彷彿是天生的，我們好像可以輕易地透過視覺感知周圍的世界。但對機器而言，這樣的任務是難以完成的。在過去幾十年的研究過程中，人們發明了許多方法讓電腦去理解圖像。在 2012 年，Alex Krizhevsky 提出了一種多層的卷積神經網路，在圖像識別任務上，獲得長足的進步，後來人們常常將其稱為 AlexNet。這是深度學習中一個里程碑式的成果。而後，人們不斷改進深度學習模型，且將其用於更廣泛的應用中，也在許多任務上獲得很好的效果，例如物體檢測、圖像分割等。當中很多方法現在已經達到可以廣泛實際應用的程度，這也是為什麼我們在生活中見到越來越多的電腦視覺應用。

　　在本章，將介紹電腦視覺的一些基礎知識。首先宏觀地介紹什麼是電腦視覺，並列舉一些重要的電腦視覺任務。接下來，介紹模擬圖像、數字圖像的概念，以及圖像的獲取。我們還會介紹圖像的線性濾波，也稱為卷積，它是圖像處理之中貫穿許多算法的一個核心概念。然後以邊際檢測為例，介紹一個具體的圖像處理應用。最後，介紹卷積神經網路，它也是深度學習的重要基礎知識之一。本章旨在介紹電腦視覺中最基礎的概念，同時簡述一些重要的電腦視覺任務的定義，供感興趣的同學自行探索。

6.1　什麼是電腦視覺

機器視覺是一個研究如何讓電腦理解圖像與影片中高層次語義訊息的學科。具體來說，電腦視覺是從現實世界的圖像訊息中，提取數字式或符號式的訊息，例如用自然語言表達圖像中包含什麼樣的物體，或是從影片訊息中輸出自動駕駛的決策。

在進一步介紹電腦視覺之前，我們先來理解一下圖像是怎麼形成的。

圖像是光線與物理世界中的物體作用之後的平面投影。

光線在物理世界傳播的過程中，會與物體產生鏡面反射、漫反射、折射等複雜的相互作用。在三維空間中的某個觀察點，人眼或照相機可以將這些光線透過投影，顯示在一個二維平面上，並記錄下來，這個紀錄也就是我們常說的圖像。

在上述過程中，我們將圖像形成的過程叫做前向模型（forward model）。前向模型包括的內容非常廣泛，從剛體的運動，如物體墜落；到人類多關節的行為，如行走和奔跑；再到非牛頓流體的運動，如蜂蜜的流動等。在這些包羅萬象的物理過程中，光線將每一個時刻的狀態，透過光與場景中物體的相互作用，以圖像記錄下來。所以圖像形成的整個過程，包括兩個相對獨立的步驟：一個是場景中物體間透過物理規律的交互作用，另一個是光與場景中物體的相互作用。

人類視覺和電腦視覺都是求解這個前向模型的逆：從二維的圖像觀測中，去還原物理世界中物體的位置、運動、相互作用和對應的場景語義訊息。以圖 6.1 為例，人類可以很輕鬆地理解這幅圖像的內容：圖中有一些遊客，在沿著一個森林的小徑前行；他們或許是看到了一些有趣

的景色，紛紛不約而同地拿起手機朝左側拍照；這些人分成若干組，離我們最近的兩個人彷彿是同伴，再往前有一個背著登山包的家庭，帶著 3 個小孩；他們左側的一位女士靠在欄杆上，彷彿是在等人。在這裡，我們識別出了圖片中的物體：多位遊客、樹木和欄杆。我們也僅透過一張圖片，就能判斷出圖中人物運動的方式。最後，我們還可以在語義層面上知道他們在這個場景中的行為，猜測出圖片外有一些有趣的東西。

圖 6.1　從二維圖像中理解物理世界

在這個圖像理解的過程中，我們嘗試用二維的訊息去還原三維的場景。我們知道圖像是二維的，它包含的訊息少於原有的三維世界，因為前向模型是一個有訊息損失的過程，例如物體的三維結構就不直接呈現在二維圖像中。這導致圖像理解是需要先驗知識的，因為如果沒有先驗知識，理解一個圖像就會有大量的歧義。這好比求解一個帶有 100 個變量，但卻只有 10 個約束條件的線性方程組，我們會得到許多滿足條件的解。

我們已經知道了圖像理解的輸入是一幅圖像，但什麼是一個圖像理解算法的輸出呢？對人類來說，視覺系統的輸出是我們與世界的交互

作用。比如我們看到一個杯子，因此拿起了它；或看到門口有一個障礙物，因此繞過它，並開門走出去；或看到一個朋友之後，開始與她／他說話。然而，人類這樣的反應，不僅僅是視覺理解，還包括動作（拿杯子）、語言（與朋友講話）等一系列因視覺理解而發生的其他行為。一個詳盡的視覺理解輸出，可能包括非常多的訊息：整個場景的三維訊息、在三維場景中哪些部分構成一個物體、可以被怎麼操作、可以用於哪些用途，物體之間的關係是什麼……等。上述每個部分可能都是非常複雜的，比如描述一個物體可以被怎麼操作，便包含許多訊息。

因此，為了準確描述視覺識別算法的輸出，人們定義了許多更為具體的視覺識別任務，如圖 6.2 所示。

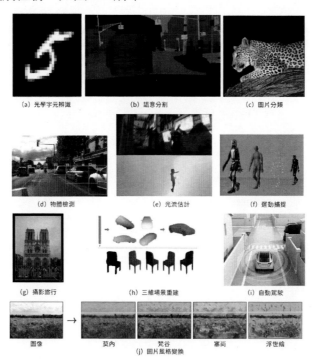

(a) 光學字元辨識　　(b) 語意分割　　(c) 圖片分類

(d) 物體檢測　　(e) 光流估計　　(f) 運動捕捉

(g) 攝影旅行　　(h) 三維場景重建　　(i) 自動駕駛

圖像　莫內　梵谷　塞尚　浮世繪
(j) 圖片風格變換

圖 6.2　電腦視覺任務

（a）光學字元辨識（optical character recognition，OCR）：從圖片中識別字符，包括但不限於數字、英文字符、漢字等。

（b）語義分割（semantic segmentation）：將圖片中每個像素對應的物體標注出來，在右邊輸出圖像中，不同類別對應不同的顏色。在此例子中，用藍色代表天空，用深紫色代表車輛……等。

（c）圖片分類（object classification）：識別圖片中的主體物體。在此例子中，圖片裡有一隻豹（leopard）。圖像分類算法也給出了其他可能的類別，如美洲虎（Jaguar）。

（d）物體檢測（object detection）：識別圖片中每個物體，並用長方形框起來。在這幅圖中，算法框出交通號誌和車輛。

（e）光流估計（optical flow）：透過 2 幀時間上相鄰的圖片，估計圖像中物體的運動。在這幅圖中，上半部是 2 張圖片的疊加，可以看見一些因為人物移動而產生的重影；下半張圖是光流估計算法所估計出的每個像素移動方式。不同顏色代表不同的移動方向。

（f）運動捕捉（motion capture，MOCAP）：透過在人身上安裝感測器等方式，捕捉人的行為，並透過電腦生成虛擬形象對應動作。

（g）攝影旅行（photo toursim）：透過一個旅遊景點不同角度拍攝的大量照片，三維重建該場景，並在該場景中自由地穿梭。

（h）三維場景重建（3D scene reconstruction）：透過照片或深度相機等感測器，重建場景的三維模型。

（i）自動駕駛（autonomous driving）：透過大量感測器，如雷射雷達、照相機、超聲波雷達等感知周圍場景，並自動地在城市、高速公路上行駛。

（j）圖片風格變換（image stylization）：將一幅圖片的風格進行轉換。例如圖中將照片分別變成莫內、梵谷、塞尚、浮世繪風格的畫作。

本章主要介紹電腦視覺中比較基礎的概念和方法，例如針孔相機模型、線性濾波、卷積神經網路等。對其他相關應用感興趣的同學，可以參考相應的文獻。

6.2 圖像的形成

6.2.1 針孔相機模型

我們在生活中，隨處可見二維的平面圖像，然而，現實世界是三維的。為了更能理解電腦視覺算法面臨的挑戰，我們在本節中，將介紹三維世界如何映射為二維圖像。我們用「相機模型」指代二維圖像形成的過程。

這裡介紹一個簡化的相機模型 —— 針孔相機模型（pinhole camera model）。圖 6.3 展示了針孔相機模型：一支蠟燭透過一個針孔成像。從蠟燭不同部分發射出來的光線，射到針孔的部分，透過針孔投影在底片上，形成了一個左右相反、上下顛倒的影像。針孔相機模型是一個理想的模型，針孔是一個無限小的孔洞，物體上每個點發出的所有光線中，只有一條光線可以通過針孔，並且在底片上成像。

這時，建立一個以針孔為原點，垂直相機平面為 Z 軸的三維坐標系，如圖 6.4 所示。那麼對於三維空間任何一點 (X, Y, Z)，它投影到相機成像平面的坐標，都可以透過相似三角形的概念計算出來：

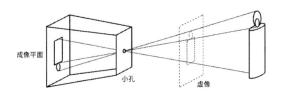

圖 6.3　針孔相機模型

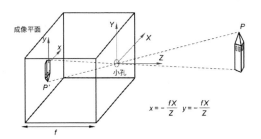

圖 6.4　針孔相機成像坐標變換

$$x = -f\,\frac{X}{Z}$$

$$y = -f\,\frac{Y}{Z}$$

　　其中 f 是針孔到成像平面的距離，也被稱為焦距；(x,y) 是該三維空間點對應的二維成像平面點坐標。

　　針孔相機模型可以用來近似人眼和相機系統。克卜勒在 1604 年第一次注意到針孔相機模型的成像是上下顛倒、左右互換的。實際上相機和人眼的成像並不是這樣，因為相機和人眼會自動地把圖片糾正回來。因此，為了方便起見，我們引入了虛擬成像概念，其原理如下：想像針孔前有一個與底片相對的針孔對稱成像平面，在圖中用虛線表示（見圖6.3），光線射過該平面所成的像，就是虛擬成像面上的虛擬成像。注意在實際中，物體與針孔的距離可以小於焦距 f，這時候虛擬成像就是針孔

和物體上發光點連線的延長線與虛擬成像面的交點。在虛擬成像面中，物體不再上下顛倒和左右互換。

在現實中，也可以根據針孔成像原理製作一個簡易相機。

6.2.2　數字圖像

在傳統的膠片相機中，底片通常是一片塗滿光敏材料的基片，如溴化銀。根據光照強度的不同，溴化銀被不同程度地分解為銀和溴。被曝光過後的底片，再經過顯影的過程，就可以輸出為肉眼可見的照片。現代相機大多是數位相機，其原理與傳統的膠片相機類似，不過底片從化學的光敏材料替換為電子感光元件，這些感光元件可以將光子轉化為電子。常用的感光元件包括光感應式的感光耦合元件（CCD）和互補式金屬氧化物半導體（CMOS）。

圖 6.5 展示了數位相機成像的過程。首先，底片被劃分為若干小格子，每一個格子有一個透鏡，將該位置的光轉化為平行光；平行光透過一個紅、藍、綠交替排列的二維濾波器，射到最下層的光感原件，將光強度轉化為電信號輸出；最後，每個格子中的光強會被照相機中的閃存記錄下來。這種記錄的方式稱為相片的 RAW 格式，即原始格式，它完整地記錄了感光元件的輸出，是一種無損的格式。但由於每個相機濾波器的排布可能不同，輸出光強度的範圍也可能不同，且 RAW 格式一般數據量比較大，導致在日常使用中，RAW 格式不是非常方便。因此，大多數相機會默認將 RAW 格式轉化為一種與設備無關的壓縮圖片格式輸出，例如 JPEG 格式。

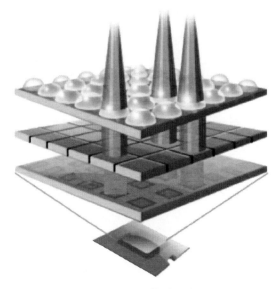

圖 6.5　數位相機成像過程

　　上面講述了成像的物理過程。從算法角度來說，數位相機的成像過程包含兩個離散化的過程：空間離散化和光強離散化。在物體成像過程中，我們提到感光元件將成像平面劃分為許多小格子，這些小格子就是對空間的離散化（見圖 6.6）。我們生活中常常聽到的 4K 影片，就是指影片每一幀對空間的劃分粒度。例如 4K 指的是每一幀有 3,840×2,160 個像素，其中 3,840 為寬度的像素數目，2,160 為高度的像素數目。

　　在進行了空間的離散化之後，每個格子會記錄一個光強的值，這個值一般是一個連續的量。但由於電腦只能記錄離散的值，因此需要將光強的值離散化。在大多數圖片中，每個像素都被分成紅（R）、綠（G）、藍（B）3 個顏色分量，每個分量的光強值用 0 ～ 255 之間的整數描述，其數值越大，代表光強越大。例如 RGB =（0，0，0）代表黑色，（255，255，255）代表白色，（255，0，0）代表純紅色。在這種表示下的顏色空間，一共有 $256^3 = 16,777,216$ 種可能的顏色。在電腦中，一般用

一個三維 8 bit 無符號整型數組表示一張圖片，這個三維數組的大小是 $H \times W \times 3$，其中 H 和 W 分別表示圖片的高度和寬度像素數目，3 代表 RGB 的 3 個顏色分量。

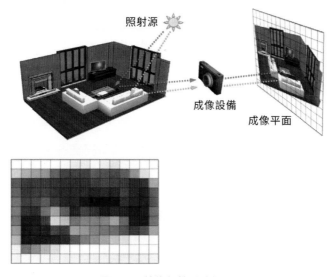

圖 6.6　數位相機感光過程

6.3　線性濾波器

在本章開始，我們介紹了什麼是電腦視覺及其典型的應用。那麼電腦到底是如何完成這些任務的呢？本節將會介紹電腦視覺中最基本的操作之一 —— 線性濾波器。讓我們以一個故事開始吧！

小小兵凱文（見圖 6.7）長得和其他小小兵幾乎一模一樣。如果我們想在一個充滿小小兵的舞臺上（見圖 6.8）找到凱文，人類會怎樣做呢？人類會拿著凱文的照片，從圖像一角，開始把一個個小小兵比對，直到找到凱文為止。但是因為圖片中有太多小小兵了，這樣的工作很枯燥。我們可以設計一個電腦程式來幫我們做這件事情。電腦的做法是類

似的：設置一個滑動視窗，並依次將其中的圖像與要找的凱文圖像作比較。這種操作稱為滑動視窗特徵樣板匹配（sliding window template matching）。這種透過滑動視窗在圖像局部做運算的方法，在電腦視覺中十分常見，稱為滑動視窗濾波（sliding window filtering）。這裡濾波是一個訊號處理的術語，其本意是移除訊號中不想要的部分。在電腦視覺領域裡，濾波是一個廣義的概念，許多非訊息移除的操作也統稱為濾波。我們一般會將所有視窗濾波的結果拼接成一個圖片，即滑動視窗的輸出是一張圖片。接下來的介紹，將會看到在尋找凱文的例子中，滑動視窗濾波的結果圖裡，每一個點代表原圖對應視窗圖片與凱文匹配的程度。

圖 6.7　小小兵凱文（Kevin the Minion）

　　如果在滑動視窗濾波中的計算是一個關於圖像線性的操作，則稱為線性濾波。線性濾波是圖像處理中最基本、用途最廣的方法。非線性濾波可以對圖像進行更加複雜的操作，也可以在很多任務上獲得比線性濾波更好的效果。為了簡明起見，本節主要介紹各種線性濾波的方法。

圖 6.8　小小兵們

https：//www.geograph.org.uk/photo/3666790

　　線性濾波器可以用一個尺寸較小的圖片來表示。如圖 6.9 所示，假設可以用一個大小為 5×5 的圖片來表示線性濾波器 F。

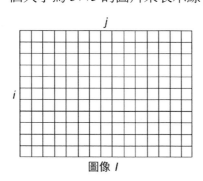

濾波器 F

圖像 I

圖 6.9　線性濾波器的輸入

　　給定一個輸入圖像 I（為方便起見，假設該圖片為灰階影像，即每一個像素只用一個數值代表黑白深淺，而不像一般圖像是用 3 個數值代表紅、綠、藍 3 個顏色的強弱。灰階影像可以用一個 $H×W$ 的二維數組

表示）和對應的濾波器 F。線性濾波器 F 作用於圖片 I 是一個滑動視窗並取向量點積的過程。下面以圖 6.10 為例來說明。將濾波器 F 與輸入圖像中的目標位置一一對齊；然後計算輸入圖像中對應的 25 個元素與濾波器 25 個元素對應的向量點積，即 $\sum\limits_{i=1}^{25} x_i y_i$，其中 x_i 為輸入圖像的值，y_i 為濾波器的值；最後將該點積寫到輸出圖像中的對應位置，就完成了濾波的計算。

圖中顏色代表輸入圖像當前視窗和濾波器值的對應關係公式［線性濾波］：

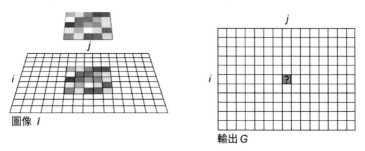

圖 6.10　線性濾波的過程

$$G(i,j) = \sum_{u=-k}^{k} \sum_{v=-k}^{k} F(u,v) \cdot I(i+u, j+v)$$

在上面的例子中，邊界可以採用填充的方法進行處理。具體來說，在上述流程裡，為了計算向量的點積，濾波器對應的原圖不能超出原圖的邊界，因此輸出的圖像會比原有輸入圖像還小。但在某些情況下，我們希望輸出圖像和原圖一樣大、或盡可能大，以盡量保留原圖的訊息。為此，可在圖像的外界補充一圈 0 元素，這樣可以允許在濾波計算的過程中，一部分濾波器不對應於原圖。圖 6.11 展示了 3 種填充 0 的方法：①完整填充（full padding）：填充最多的 0，使濾波器在與原圖計算的過

程中，覆蓋盡量大的範圍，同時計算過程中，濾波器至少對應一個原圖像的元素；②保持圖像大小填充（same padding）：使濾波的輸出和原圖具有相同的大小；③合法填充（valid padding）：不填充任何 0，使濾波器的計算過程中，僅與原圖的元素計算。舉例來說，假設原圖的大小是 10×10，濾波器的大小是 3×3，那麼完整填充會在圖像 4 個邊際的每一個邊界上，填充寬度為 2 的 0 元素。使用完整填充會使最終參與卷積運算圖的大小為 14×14，結果的圖像大小則為 12×12。保持圖像大小填充則會在原始圖像每一個邊界填充寬度為 1 的 0，這樣填充後的圖像大小為 12×12，結果圖像的大小為 10×10，和原有圖像一致。合法填充則不填充任何元素，參與運算的圖像就是 10×10 的大小，結果圖像的大小為 8×8。

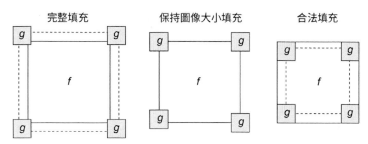

圖 6.11　3 種圖像填充方法（虛線表示輸出圖像的大小）

在上面的介紹中，濾波器 F 可以根據需要，選為不同的 5×5 矩陣。那麼，不同的濾波器 F 對應什麼樣的圖片操作呢？以幾個例子來說明。

第一個例子是 $F=\begin{bmatrix} 0 & 0 & 0 \\ 0 & 1 & 0 \\ 0 & 0 & 0 \end{bmatrix}$。如果將此濾波器應用到圖 6.12 中的浣熊眼睛上，那麼輸出的圖像就和輸入的圖像一模一樣，因為如果將上述的線性濾波公式展開，會發現輸出和輸入完全相同。因為內積的結果等於該濾波器覆蓋的圖片中心位置的值。

現在考慮 $F = \begin{bmatrix} 0 & 0 & 0 \\ 0 & 0 & 1 \\ 0 & 0 & 0 \end{bmatrix}$。因為每次內積的結果等於該濾波器覆蓋的圖片右邊位置的值，這個濾波器會將圖像整體向左移動一格。圖 6.13 是這個濾波器產生的效果，其中最右邊一列是因為補零而產生的一行黑條。

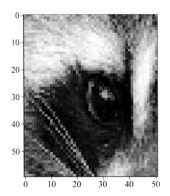

圖 6.12　輸出圖像與輸入圖像相同

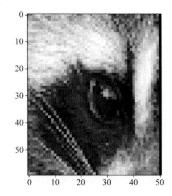

圖 6.13　輸出圖像左移一格

如果 $F = \dfrac{1}{9}\begin{bmatrix} 1 & 1 & 1 \\ 1 & 1 & 1 \\ 1 & 1 & 1 \end{bmatrix}$，會發現輸出圖像的每一個像素都是周圍像素的平均值。這個濾波器讓輸出的圖像更加平滑（見圖 6.14）。

如果令 $F = \begin{bmatrix} 0 & 0 & 0 \\ 0 & 2 & 0 \\ 0 & 0 & 0 \end{bmatrix} - \dfrac{1}{9}\begin{bmatrix} 1 & 1 & 1 \\ 1 & 1 & 1 \\ 1 & 1 & 1 \end{bmatrix}$，會發現輸出的圖像（見圖 6.15）比原圖像更加銳利。直觀來說，這個濾波器可以理解為將當前像素放大 2 倍（第一個矩陣），同時減掉周圍像素的平均值（第 2 個矩陣），從而可以放大每個像素的獨特部分。從視覺上來看，整個圖像的銳度就增加了。

接下來考慮 F 是一個二維高斯分布的形式，即

$$F_\sigma(i,j) = \frac{1}{\sqrt{(2\pi)^2\sigma^2}}e^{-\frac{i^2+j^2}{2\sigma^2}}$$

取 $i = -1,0,1$，$j = -1,0,1$ 和 $\sigma = 1.0$，並將離散化的高斯濾波器歸一化，即使 F 中所有元素的和為 1，可以得到

$$F = \begin{bmatrix} 0.075 & 0.12 & 0.075 \\ 0.12 & 0.204 & 0.12 \\ 0.075 & 0.12 & 0.075 \end{bmatrix}$$ 。應用此高斯濾波器，得到輸出圖像（見圖

6.16），由此可以發現，該輸出與平均濾波器輸出大致相同。

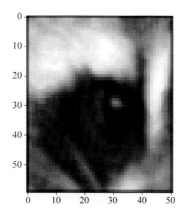

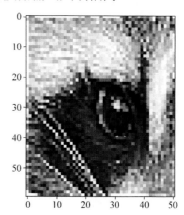

圖 6.14　平均濾波器使輸出圖像更加平滑　　圖 6.15　增加圖像銳度濾波器的輸出

　　如果將濾波器 F 的大小變為 5×5，輸出圖像並沒有太大變化（見圖
6.17），這是因為此時

$$F = \begin{bmatrix} 0.003 & 0.013 & 0.022 & 0.013 & 0.003 \\ 0.013 & 0.060 & 0.098 & 0.060 & 0.013 \\ 0.022 & 0.098 & 0.162 & 0.098 & 0.022 \\ 0.013 & 0.060 & 0.098 & 0.060 & 0.013 \\ 0.003 & 0.013 & 0.022 & 0.013 & 0.003 \end{bmatrix}$$

多增加出來的一圈數字的值都很接近於 0，因此實際上不會產生太大
影響。

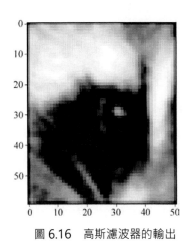

圖 6.16　高斯濾波器的輸出

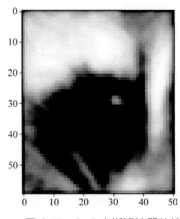

圖 6.17　5×5 高斯濾波器的輸出

如果仍然使用 5×5 的濾波器，但是將 σ 變成 2.0，會發現輸出圖像更加平滑（見圖 6.18）。這是由於濾波器 F 在更大範圍內做平均，使每個像素的值都與其他像素值更為接近。

高斯濾波可以當作一種基本的圖像降噪方式。在圖 6.19 中，左圖帶有許多雜點（圖像雜訊）。在使用高斯濾波處理後，可以得到右邊的圖像。右圖的雜點沒有左圖那麼明顯，不過右圖也丟失了一些細節訊息。

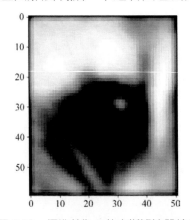

圖 6.18　標準差為 2 的高斯濾波器輸出

圖 6.19 使用高斯濾波器降低圖像雜點
左圖是有雜點的圖像，右圖是高斯濾波之後的圖像

如果將上述兩個濾波器相減，即把 $F_{\sigma=1} - F_{\sigma=2}$ 當成一個新的濾波器，並作用在原圖上，就會得到圖 6.20。可以發現輸出圖像大致是原圖中的邊際，我們把這個濾波器叫高斯差（differential of Gaussians）濾波器。高斯差濾波器經常用於邊際檢測任務。

最後，回到本節開始時尋找小小兵的任務。如果已知圖 6.21 中凱文的樣子，那可以用這張圖本身當做濾波器。此時，當輸入圖片和濾波器完全相同時，濾波器會有最大的輸出。透過用這個濾波器對原圖進行濾波，得到如圖 6.22 所示的輸出。

在圖中可以看到圖像中（75，600）附近的亮度最高，即濾波器在該點的輸出最大，再回頭看原圖，可以確認凱文就在那個位置。這個任務被稱作特徵樣板匹配（template matching）。

本節介紹了線性濾波器的定義和常用的線性濾波器。透過上述例子可以看到，依據濾波器設計的不同，可以完成許多不同類型的任務，比如圖像降噪、圖像邊際增強、圖像邊際檢測、特徵樣板匹配等。

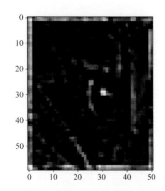

圖 6.20　高斯差濾波器的輸出

圖 6.21　凱文的樣子

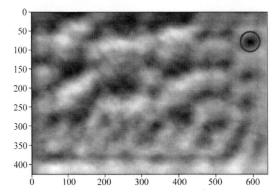

圖 6.22　使用凱文的樣子作為濾波器，原圖作為輸入時濾波器的輸出，
紅圈的位置是被檢測到的凱文位置

6.4　邊際檢測

　　一幅圖像可能包括很多訊息，而人類對圖像的理解，很大程度上依賴於圖像中比較關鍵的點和邊際訊息。例如人類可以不依賴圖像細節，從簡筆畫中識別出很多種物體。圖像邊際是一個對圖像更加緊湊的表示方式，在理想情況下，圖像的邊際不會隨著光照、顏色等因素變化。

　　因此，邊際檢測是一個對圖片更加精簡的表示，有著廣泛的應用。

例如工業測量中，經常需要先檢測出物體的邊際，再對物體的大小進行評估。邊際檢測也是諸多其他視覺任務的第一步。

在本節中，將會闡述什麼是圖像的邊際、圖像的邊際怎麼形成，以及如何在一個圖像中檢測邊際。

物體表面朝向的不連續性

深度的不連續性

顏色的不連續性

光照的不連續性

圖 6.23　圖像邊際形成的原因

圖 6.23 展示了圖像邊際形成的原因。具體來說，圖像邊際是由三維世界中物體表面法向不連續性（surface normal discontinuity）、深度不連續性（depth discontinuity）、顏色不連續性（color discontinuity）及亮度不連續性（illumination discontinuity）形成。舉例來說，圖中字母 AOT 的顏色是黑色的，而背景是白色的，在 AOT 字母邊際的顏色從黑色變成了白色，這就是顏色的突變。上述因素共同形成了圖像每個像素的光強訊息（image intensity）。從數學而言，圖像的邊際是圖像光強突變的地方。

那麼給定一張圖像，如何檢測其中的邊際呢？根據定義，圖像邊際是光強突變的位置。因此，可以透過計算圖像上的導數，並檢測其中導數較大的位置，來確定圖像中邊際的位置。具體來說，我們將圖像看成一個二維函數 $f(x,y)$，其中 x 和 y 是圖像寬度和高度的索引，$f(x,y)$ 是像素 (x,y) 的光強值。那麼圖像對點 (x,y) 的偏微分為 $\left[\frac{\partial f}{\partial x}, \frac{\partial f}{\partial y}\right]^{\mathrm{T}}$。

於是可以用這個偏微分的 l_2 範數，也即 $\sqrt{\left(\frac{\partial f}{\partial x}\right)^2 + \left(\frac{\partial f}{\partial y}\right)^2}$，表示該點的光

強突變程度。最後，可以透過設定一個光強突變程度的閾值以及二值化來獲得邊際的具體位置。

圖 6.24 展示了對兩個理想圖片進行邊際檢測的結果。

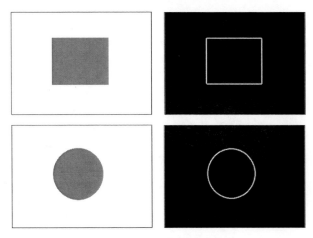

圖 6.24　圖像邊際檢測的結果

從算法上來說，圖像邊際的具體計算如下。

算法 11：圖像邊際
1：filter_x = np. array([[1,0,−1]])
2：filter_y = filter_x. T
3：der_x = signal. corralate2d(image, filter_x, mode='same')
4：der_y = signal. corralate2d(image, filter_y, mode='same')
5：intensity = np. sqrt(np. power(der_x,2) + np. power(der_y,2))

上述代碼中，第一列定義了一個列向量，代表圖片 x 方向求偏微分的濾波器。第 2 列定義了一個行向量，代表圖片 y 方向求偏微分的濾波器。第 3 行和第 4 行透過濾波操作，求得 x 和 y 方向的偏微分。最後一行透過計算兩個偏微分平方和的平方根，得到圖像每一點光強突變的程度。

如果將 6.3 節中的浣熊眼睛圖像作為算法輸入,可以得到如圖 6.25 所示的邊際結果。

這其中有許多值比較低的點。為了得到一個二值化的邊際圖像,我們嘗試不同閾值,並發現 75 是一個比較合適的值。在二值化後,得到了如圖 6.26 所示的邊際圖像。

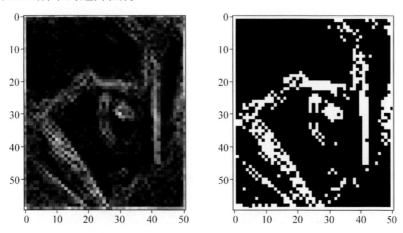

圖 6.25　浣熊圖像邊際檢測的結果　　圖 6.26　浣熊圖像邊際檢測加二值化的結果

上述邊際檢測的結果有比較多的雜點,即在許多事實上,非邊際的位置出現了被檢測到的邊際。下面用一個 1 維數據的例子作為類比,來解釋為什麼上述算法會導致許多雜點。圖 6.27 展示了一個有噪聲的函數和其導數。可以看到,儘管原函數大體上是常量,但其導數卻常常不為 0。

為解決這個問題,可以先用高斯濾波器平滑(smooth)原函數,然後在平滑之後的函數上求導。這麼一來,函數的導數就為 0 了(見圖 6.28)。

同樣的,由於圖像本身也有很多噪聲,因此其導數同樣有很多噪

聲。為了將它們去掉,可以在計算圖像強度函數之前,用高斯濾波器將其平滑化。圖 6.29 是原圖經過一個 $\sigma = 0.75$ 的高斯濾波器後的圖像強度函數。

我們發現它的雜點少了很多。透過嘗試不同閾值,發現採用閾值 30 可以得到如圖 6.30 所示的圖像邊際。

它比未經高斯濾波的邊際更加連續,也更符合原圖中的邊際。

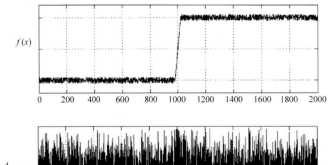
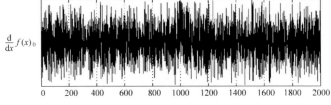

圖 6.27　有噪聲的函數和其導數

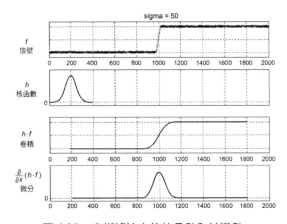

圖 6.28　高斯濾波之後的函數和其導數

$h \cdot f$ 是對信號 f 的濾波結果

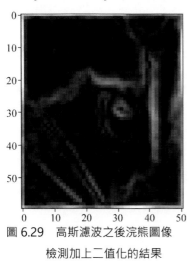

圖 6.29　高斯濾波之後浣熊圖像
檢測加上二值化的結果

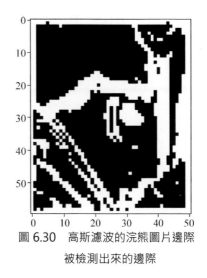

圖 6.30　高斯濾波的浣熊圖片邊際
被檢測出來的邊際

6.5　卷積神經網路

前面介紹了以線性濾波器為基礎的一些基本圖像操作，如圖像降噪、邊際強化、邊際提取等。其中一個核心步驟是設計一個可以完成目標操作的線性濾波器。前面也展示了如何透過手工設計濾波器來完成某些操作。但是，當目標操作更為複雜的時候，例如識別物體等，由於參數過多，難以單純靠手工設計。

在本節中，將介紹如何將線性濾波器、簡單的非線性函數與機器學習結合起來，以完成物體分類和語義分割等更加複雜的圖像識別任務。

首先，回顧一下在第 5 章介紹的神經網路模型。如圖 6.31 所示，神經網路將輸入的特徵透過若干層線性變換和激勵函數，將輸入映射到輸出。

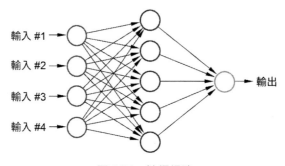

圖 6.31　神經網路

　　由於圖像通常包含大量的像素，如果將全連接神經網路用於圖像處理，神經網路將需要大量的參數。例如，一張 1,080p 的彩色圖像，包含 $1,920 \times 1,080 \times 3 \approx 6.22 \times 10^6$ 個像素值。如果一個全連接隱藏層包括 1,000 個神經元，那麼僅這一層便包含 62 億個參數。如果這些參數用 32bit 浮點數表示，那麼存下來這一層的參數就需要 23 GB 的儲存空間。理論而言，全連接神經網路可以近似任何函數，但從實用角度來看，用全連接神經網路處理圖像，不能達到比較好的效果。往往需要根據具體問題，對網路結構進行修改和調整，以獲得好的性能。

　　前面介紹了用線性濾波器對圖像進行處理。如果將線性濾波器當成一個可以被訓練的參數（parameters），即不人工指定線性濾波器每一個值，而是將其當作一個未知的參數，並從數據中進行學習，那麼可以將對於輸入特徵的線性變換替換為對圖像進行線性濾波。

　　以下，將對灰階影像的線性濾波拓展至彩色圖像。如果一個彩色圖像用 $H \times W \times 3$ 的矩陣表示，那麼對應的濾波器大小為 $H_f \times W_f \times 3$。濾波的過程與灰階影像的處理基本上相同，除了在每一個位置上的計算不再是大小為 $H_f \times W_f$ 的向量之間的點積，而是大小為 $H_f \times W_f \times 3$ 向量之間的點積。與灰階影像處理相同的是，彩色圖像的濾波輸出是一張灰階影

像，因為點積操作的輸出是一個標量值。一個濾波器通常只能對應一種操作，例如圖像平滑或者邊際提取等。為了完成更加複雜的操作，需要同時利用多種濾波器。我們可以同時對一張圖片應用 K 個線性濾波器，且把每個線性濾波器輸出的灰階影像在色彩維度上疊加在一起，形成一個形狀為 $H_{out} \times W_{out} \times K$ 的輸出。這個操作稱為神經網路中的卷積操作（convolution operator），如圖 6.43 所示。

這裡舉一個具體的例子。假設輸入的圖像是一個高度為 3，寬度為 3 的彩色圖像：

$$I = \left[\begin{bmatrix} 1 & 2 & 3 \\ 4 & 5 & 6 \\ 7 & 8 & 9 \end{bmatrix}, \begin{bmatrix} 1 & 0 & 1 \\ 0 & 1 & 0 \\ 1 & 0 & 1 \end{bmatrix}, \begin{bmatrix} 1 & 2 & 1 \\ 2 & 1 & 2 \\ 1 & 2 & 1 \end{bmatrix} \right]$$

這裡三個二維的矩陣分別代表這張圖像的 RGB 顏色通道。用一個高度為 2，寬度為 1 的濾波器對這張圖進行濾波：

$$F = \left[\begin{bmatrix} 1 \\ 2 \end{bmatrix}, \begin{bmatrix} 3 \\ 4 \end{bmatrix}, \begin{bmatrix} 5 \\ 6 \end{bmatrix} \right]$$

濾波的計算過程如下。首先假設濾波操作使用合法填充，即不在原圖周圍填充 0 元素。那麼這個圖像濾波之後的大小為 $2 \times 3 \times 1$，即高度為 2，寬度為 3，顏色維度為 1。以輸出圖像 O 中第一個元素為例，即 $O[1,1,1]$，展示如何進行卷積操作。首先取出輸入圖像中左上角大小為濾波器大小，即 $2 \times 1 \times 3$ 的子矩陣：

$$I_{0,0} = \left[\begin{bmatrix} 1 \\ 4 \end{bmatrix}, \begin{bmatrix} 1 \\ 0 \end{bmatrix}, \begin{bmatrix} 1 \\ 2 \end{bmatrix} \right]$$

然後，對 $I_{0,0}$ 和 F 做點積操作，即對應元素相乘，再將結果相加：

$$1 \times 1 + 2 \times 4 + 3 \times 1 + 4 \times 0 + 5 \times 1 + 6 \times 2 = 29$$

這樣，便得到了輸出圖像中的第一個元素 $O[1,1,1] = 29$。其餘的輸

出元素可以用類似的方法計算。

更廣義的卷積操作，可以用形狀為 $H_{in} \times W_{in} \times Ki_n$ 的矩陣，透過 K_{out} 個大小為 $H_f \times W_f \times K_{in}$ 濾波器，輸出一個 $H_{in} \times W_{in} \times K_{out}$ 大小的矩陣。K_{out} 個濾波器稱為這個卷積操作的濾波器組（filter bank），或更簡單地稱為卷積操作的參數，並用一個四維數組 $H_f \times W_f \times K_{in} \times K_{out}$ 表示這些參數。輸入／輸出矩陣中的 K_{in} 和 K_{out} 稱為通道（channel），例如 RGB 圖像通道數目是 3。

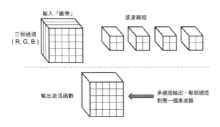

圖 6.32　使用濾波器組對一張圖片進行濾波

在圖 6.32 中，展示了對於一張圖片，一組濾波器和對應的輸出數組。其中輸入圖片的大小為 5×5×3，3 代表 3 個顏色通道，即 H_{in} = 5；W_{in} = 5；K_{in} = 3。採用 4 個濾波器，每個濾波器大小為 2×2×3，即 H_f = 2；W_f = 2；K_{out} = 4。透過一個保持大小填充（same padding）的卷積，這個操作輸出的大小是 5×5×4，其中每一個濾波器對應一個輸出的通道。

卷積操作是線性濾波在多輸入顏色維度、多濾波器方面的自然擴展。這個操作解決了神經網路線性變換的多個問題。其中重要的一點是，卷積操作的參數量與圖像大小無關，且通常為較小的值。例如一個 $H_f \times W_f \times K_{in} \times K_{out}$ = 3×3×512×512 的卷積操作，僅有 240 萬個參數，遠遠少於全連接層需要的參數數量。同時它也保持了圖像本來的二維平面結構——卷積操作的輸出也可以看做一個廣義圖像。在實際應用

中，我們發現在圖像識別領域，卷積神經網路的效果遠比全連接神經網路好。

卷積操作具有平移不變性（translation invariance）。無論一個物體在圖像中哪個地方，同一個卷積操作對他們的輸出都是一樣的。這個性質是由卷積操作的定義而自然成立的。這是卷積操作對二維圖像性質的先驗（prior），先驗在這裡指的是對所有圖片都成立的一些準則。正是由於這種先驗，卷積神經網路才可以在圖像中具有更好的泛化性能（generalization capability）。

卷積操作的輸出圖像和輸入圖像，在二維尺度 $H \times W$ 上是一樣的（假設使用保持圖像大小填充）。但如果最後需要將圖片分類，例如識別手寫數字 $0 \sim 9$，則需要一種方法減小輸出圖像的二維尺度。一種常用的方法，是先將一個大小為 $H \times W \times K$ 的數組劃分為 $\frac{H}{2} \times \frac{W}{2} \times K$ 個 2×2 的格子，然後取 2×2 矩陣中最大元素為輸出，從而形成一個 $\frac{H}{2} \times \frac{W}{2} \times K$ 的輸出數組。當然劃分成 2×2，3×3，4×4 的格子都是可以的，這個大小的選擇是一個可以調節的超參數。我們稱這個操作為最大池化操作（max pooling）。圖 6.33 展示了一個 3×3 的最大池化操作示意圖。

舉個例子，假設有如下圖片：

2	3	4	5	6	7
1	0	1	0	1	0
3	3	3	3	3	3
9	8	7	6	5	4
1	3	5	7	9	1
2	4	6	8	0	2

那麼透過一個 3×3 的最大池化操作後，輸出的圖片是：

4	7
9	9

其中第一個元素是從原圖片左上角的子矩陣中取最大值而計算出來的：

2	3	4
1	0	1
3	3	3

透過計算這 9 個數字中的最大值，得到了 4，即輸出中的第一個值。

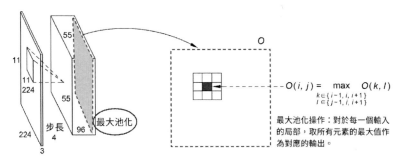

圖 6.33　最大池化操作

有了卷積和最大池化操作，就可以交替使用兩者構建神經網路。圖 6.34 以經典的 LeNet 神經網路為例，展示了神經網路的構造過程。假設輸入是一張 32×32 的手寫數字圖片。首先，透過一個 5×5×1×6 的無填充（valid padding）卷積操作，得到一個 28×28×6 的矩陣，稱為特徵圖（feature map）。接下來，透過一個 2×2 的最大池化操作，得到一個 14×14×6 的特徵圖。然後，再經過一個 5×5×6×16 的卷積，和一個

2×2 的最大池化操作，得到 $5 \times 5 \times 16$ 的特徵圖。再將其當做一個向量，透過 3 層全連接，映射到 120，84 和 10 個單元。最後，用 softmax 歸一化和交叉熵損失函數（softmax with cross entropy）監督這 10 個輸出單元，分別對應於手寫數字 0 ～ 9。

在 LeNet 中，卷積操作是一個帶參數的操作，它造成了自適應的濾波作用，並可用後向傳播算法訓練（見第 5 章）。最大池化操作令整個網路對手寫數字的較小空間位移不敏感，並逐步降低了圖像分辨率，有利於後續的分類操作。第 2 層卷積由於有了前一層的最大池化操作，每一個 5×5 濾波器對應原圖更大的部分，從而可以捕捉圖像中更大範圍的概念，即有更大的接受域（receptive field）。可以影響一個神經元的輸入區域，稱為這個神經元的接受域。當經過神經網路第 4 層池化後，特徵圖的空間維度只有 5×5，已經具有比較少的空間訊息，因此將其展平（flatten）為一個向量。後面的部分就是一個正常的兩個隱層的神經網路了。

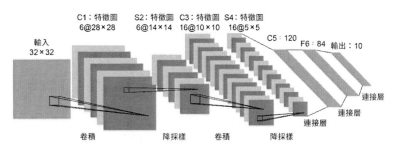

圖 6.34　LeNet 網路結構

LeNet 是一個對手寫數字識別比較成功的卷積神經網路。在 2012 年，Alex Krizhevsky，Ilya Sutskever 和 Geoffrey E. Hinton 將類似的技術應用在 1,000 類物體識別的任務上，並取得高達 62.5% 的準確率。這項任務讓大家意識到卷積神經網路的巨大潛力，並引領了後續的深度學習

研究工作。Alex 等人的卷積神經網路有 7 層，它被稱為 AlexNet。

為了更好理解卷積神經網路內部學習到參數的含義，Zeiler 等人可視化了 AlexNet 在 ImageNet 上學習到的內容，允許人們看到卷積神經網路在不同層之間，學習到不同的訊息（圖 6.35）。在較低的層，AlexNet 學習到了各種朝向的邊際檢測濾波器和不同顏色的濾波器；在中層則學習到網狀、平行的邊際等稍微複雜的模式；在高層則學習到鳥類、車輪和蜂巢等高層次概念。這些結果顯示，僅根據圖像物體標籤，卷積神經網路可以在不同的卷積層上學習到不同語義層的概念。

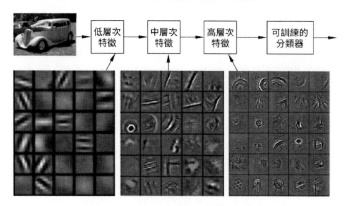

圖 6.35　AlexNet 網路中間層可視化

在 AlexNet 之後，人們提出了更深的神經網路，例如 VGG（19 層），ResNet（152 層），還提出了圖狀連接的神經網路，例如 DenseNet。這些更複雜的神經網路已經可以在 1,000 類物體分類的基準比賽（即 ImageNet 比賽）上達到 79.2％的準確率，如果允許猜測 5 個結果的話，這個準確率已經達到 94.7％，基本上和人類的水準一致（94.9％）。

卷積神經網路不僅在物體識別領域達到很高的準確率，還在很多其他電腦視覺任務上獲得提升，例如語義分割、物體檢測、光流估計、生成對抗圖片（generative adversarial image generation）等。

本章總結

　　本章主要介紹了 4 個知識點。首先是圖像的形成，主要介紹針孔相機成像原理，數字圖像原理。接下來，介紹了線性濾波器，包括它的定義、各種常見的線性濾波器及其用途。然後，學習邊際檢測，講述了圖像邊際的含義、形成原因及檢測邊際的方法。最後，介紹了卷積神經網路，包括神經網路卷積層的定義以及卷積神經網路的設計。

歷史回顧

　　電腦視覺最初起源於 1966 年 MIT 的一門暑期作業。這個暑期作業試圖讓學生把相機安裝在電腦上，並讓電腦描述相機能看見什麼[1,2]。但是，顯然這樣簡單的嘗試，並沒有成功。在隨後的幾十年中，電腦視覺在基礎算法，如邊際檢測、視覺的數學基礎、相機校準、三維重建、統計機器學習的應用……等方面，有長足的進步。

　　更多關於圖像的形成、線性濾波器、邊際檢測，可以參考文獻[3]。卷積神經網路第一次在文獻 [4] 中被應用於手寫數字識別，在文獻 [5] 中第一次被用於大規模圖像分類問題。

參考文獻

[1]　Papert S. The Summer Vision Project[Z]. MIT AI Memos，1966-07-01. hdl：1721.1/6125.

[2]　Margaret A B (2006). Mind as Machine：A History of Cognitive Science[M]. Clarendon Press，2006：781.

[3]　Szeliski R. Computer Vision： Algorithms and Applications[M]. Springer Science & Business Media， 2010： 10–16.

[4]　Le Cun Y， Bottou L， Bengio Y， et al. Gradient–based learning applied to document recognition[C]. Proceedings of the IEEE 86. 11， 1998： 2278–2324.

[5]　Krizhevsky A， Sutskever I， Hinton G E. Imagenet classification with deep convolutional neural networks[C]. Advances in Neural Information Processing Systems， 2012.

練習題

1. 單層卷積神經網路的計算實例

$$\begin{pmatrix} 2 & 3 & 1 \\ 0 & 3 & 4 \\ 1 & 2 & 3 \end{pmatrix}$$

現在有一個矩陣，卷積核為 $\begin{pmatrix} 1 & 1 \\ 2 & -3 \end{pmatrix}$，步長為 1，試計算該矩陣與

該卷積核進行卷積操作的結果，以及該結果用 ReLU 函數（即 max（0，
x））激勵的結果。

2. 請填寫下列空白的部分

```
0 1 0 1 1 0
0 0 1 0 1 1
1 0 0 1 0 0
0 1 0 0 1 1
1 0 1 1 0 1
1 1 0 1 1 0
```

輸入

```
0 1 0
0 2 1
1 3 1
```

```
2 1 0
1 0 2
2 0 1
```

卷積

卷積1

卷積2

最大池化

池化1

池化2

3. 請思考下面這種卷積核會關注什麼樣的特徵?

```
1 0 -1
1 0 -1
1 0 -1
```

```
1 1 1
0 0 0
-1 -1 -1
```

4. 多重選擇題

在圖像處理問題中,下列哪個神經網路最常用?

A. 全連接神經網路

B. 圖神經網路

C. 卷積神經網路

D. 遞歸類神經網路

5. 判斷題

卷積網路可以被視為全連接網路的一種特殊形式。

6. 對於一個輸入大小是 $H_{in} \times W_{in} \times K_{in}$ 的矩陣，和一個大小為 $H_f \times W_f \times K_{in} \times K_{out}$ 的濾波器，使用完整填充、保持圖像大小填充和合法填充時，輸出矩陣的大小各是多少？

7. 設計一個卷積操作，使該操作可以將一個輸入 RGB 圖像的紅色通道和藍色通道的值對調。例如，假設輸入圖像中某一個輸入像素的 RGB 值是（255，128，0），那麼其對應輸出像素的值是（0，128，255）。

8. 假設焦距為 f，寫出虛擬成像的世界坐標 $(X，Y，Z)$ 到成像平面坐標 $(x，y)$ 的公式。

9. 根據針孔相機坐標變換，證明為什麼一個物體會「近大遠小」。

10. 請從數學上推導，為什麼卷積操作具有平移不變性。

11. 請計算一個輸入大小是 $H_{in} \times W_{in} \times K_{in}$ 的矩陣，和一個大小為 $H_f \times W_f \times K_{in} \times K_{out}$ 的濾波器，進行卷積需要多少乘法操作（假設保持輸出大小填充）？

12. 如果習題 11 中輸出和輸入大小不變，但是用一個全連接網路替代卷積層，那麼需要多少次乘法操作呢？全連接層和卷積層哪一個需要更多計算呢？

第 7 章

自然語言處理

引言

　　理解和使用語言的能力，是人類不同於其他動物的一個重要差別，也是人類「智慧」的重要特徵之一。文字起源於大約 7,000 年前，是人類知識抽象表達和總結。儘管研究顯示，其他動物（如大猩猩、海豚等）也有能力掌握和表達大約幾百個符號形式的「語言」，但只有人類可以利用符號來表達任何話題和內容，以及其中近乎無限的訊息。

　　儘管人類與動物之間的分別還有很多，如藝術和工具的使用等。但在 1950 年，人工智慧之父圖靈提出人工智慧的概念以及著名的「圖靈測試」時，測試的載體正是語言。機器智慧需要透過閱讀來理解基於文字的問題，並對相應的問題給出正確的回答，以通過測試。人類透過文字交流獲取知識，表達自己的想法。而真正意義上，擁有智慧的人工智慧主體，也應當具有理解和處理自然語言文字的能力。這也是本章的主要內容。

　　自然語言處理領域最核心的問題是：什麼樣的符號序列可以稱為「語言」？而回答這個核心問題的根本工具，叫做語言模型（language model）。本章將圍繞語言模型，著重從計算的角度，介紹自然語言處理領域的一些基本方法。此外，本章也會利用語言模型實現一些簡單的應用，比如詩歌創作、文本改錯等。

7.1　語言模型

7.1.1　什麼是語言模型

　　語言是基於文字的表達。我們說的每一句話，都由文字組成，但並

不是文字的任意組合都可以稱為自然語言。比如，「清華大學」這個四字短語，就是一個常見的語言表達，可以認為是一句自然的話。但同樣是這四個字，「華學清大」看起來就不是那麼自然。雖然我們也無法斷定這個罕見的四字短語一定不是自然語言，比如這個短語也有可能是某公司的名字，但我們可以相對確信地說，「清華大學」這個短語，比「華學清大」這個短語，看起來更像是一個正常的語言。對於一個完整的句子，我們也有同樣的評估：「清華大學在北京」會比「清華北京大學在」或「北京在清華大學」看起來更像一個自然的句子。

語言模型（language model）就是用於評估一個句子或短語有多「像」一個自然語言的工具。如果一個句子或短語更符合自然語言的表達方式，那麼該句子或短語在語言模型下的分數就應該更高；反之，則應該更低。可以說，語言模型是所有自然語言處理任務的核心：有了語言模型，我們才能區分語言和字符的簡單組合，才能讓人工智慧主體進一步理解語言的含義。語言模型也可以直接應用在許多實用場景，如文本改錯（改正錯別字、語法錯誤）、翻譯、語言生成等。

具體而言，對一個短語或句子，我們可以將其抽象表示成一個由離散符號組成的序列 $c_1c_2\cdots c_N$。這裡的 N，表示該句子或短語共有 N 個字符，其中第 i 個字符為 c_i；每一個字符 c_i 都取自一個預先定義的字典 L 中，即 $c_i \in L$，這裡 L 表示所有可能字符的集合。在清華大學的例子中，$L = $ 所有漢字，$N = 4$，$c_1 = $ 清，$c_2 = $ 華，$c_3 = $ 大，$c_4 = $ 學。有時也可以用 c_i 來表示一個詞語，在這種情況下，$L = $ 所有漢語詞彙，$N = 2$，$c_1 = $ 清華，$c_2 = $ 大學，這時 L 也可以被稱為詞表。

在英文中，稱 c_i 為字（character）或者詞（word），而 L 稱為 lexi-con——起源於希臘語中「詞彙」（lexikon）一詞。在本節的討論中，我

們主要以字為基本單位，即 c_i 為單個漢字。在本節末尾將比較基於字與基於詞的模型差異。

有了字符序列 $c_1c_2\cdots c_N$，語言模型需要為該序列計算一個「是否為合理的語言」的分數。最通用的方法是採用機率模型（Probability model），即電腦率 $P(c_1c_2\cdots cN)$。如果序列更像自然語言，則機率越高，反之則越低。例如，在一個計算好的語言模型下，應當能得到類似這樣的機率：P（清華大學）＝ 0.1，而 P（華學清大）＝ 0.000001。

7.1.2　n-gram 模型

在機率語言模型中，應當如何具體計算一個序列的機率呢？對任何一個短語或句子，人們在表述時，通常都是從前往後表達每一個字符。與此對應，語言模型最常用的計算方法，就是採用如下的連鎖律進行計算：

$$P(c_1c_2\cdots c_N) = P(c_1)\,P(c_2\,|\,c_1)\,P(c_3\,|\,c_1c_2)\,\cdots P(c_N\,|\,c_1\cdots c_{N-1})$$

其中 $P(c_i\,|\,c_1\cdots c_{i-1})$ 表示當語句的前 $i-1$ 個字符為 $c_1c_2\cdots c_{i-1}$ 時，第 i 個字符是 c_i 的機率。對於「清華大學」，可以這樣計算：

$$P（清華大學）= P（清）\,P（華\,|\,清）\,P（大\,|\,清華）\,P（學\,|\,清華大）$$

連鎖律有兩個好處：①條件獨立性。把一個完整序列的機率，計算歸約為單個字符的條件機率的乘積，簡化計算。②無後效性。每個字符對應的條件機率，僅取決於其之前的字符，與後續的內容無關，方便序列按語言的表達順序進行處理。

這裡每個字各自的條件機率計算也很容易。以 P（學 | 清華大）為例，它等於「所有以『清華大』開頭的 4 字短語中，第 4 個字是『學』的機率」。而一個詞的機率，就是在所有可能的漢語中，該詞出現的頻

率。這個頻率可以透過上網搜尋足夠的文章,然後統計這些文章中這個詞出現的次數得到。這裡,我們將這些文章的集合稱為語料(corpus)。

不過,儘管透過將一個序列轉化為一系列字符的條件機率的乘積來簡化計算,但當序列很長時,計算序列中位置靠後的字符的條件機率,依然非常複雜。第 i 個字符的條件機率,取決於長度 $i-1$ 的子序列。而長度越長的子序列,在一個文章中出現的機率也就越低,於是也需要蒐集更多的文本,才能準確估算這個子序列的出現頻率。試想一下,我們需要在網路上搜尋多少文章,才能找到「清華大學在北京海澱區四環到五環之間」這段文字?更何況還需要統計頻率!

因此,就具體計算而言,人們往往使用一些近似(approximation)。其中一個常見的方法,是假設一個字符在句子中的條件機率,僅取決於其前方的 $k-1$ 個字符,即:

$$P\ (c_i\ |\ c_1c_2\cdots c_{i-1})\ \approx P\ (c_i\ |\ c_{i-k+1}\cdots c_{i-1})$$

我們稱這種 k 個字符近似的語言模型為 k-gram 模型。這裡 gram 對應希臘語中「字符」的含義。一般而言,我們稱這種將語言模型,近似表達為每個字符基於其前方若干字符條件機率乘積的方法為 n-gram 模型。注意,n-gram 是這個方法的一般稱謂。在本章中,我們也用 N 表達一個特定字符序列的長度,請不要混淆。特別是,當 $k=2$ 時,有

$$P\ (c_1c_2\cdots c_N)\ \approx P\ (c_1)\ P\ (c_2\,|\,c_1)\ P\ (c_3\,|\,c_2)\ \cdots P\ (c_N\,|\,c_{N-1})$$

在這種情況下,每一個字符的條件機率,僅與其之前的一個字符有關。以「清華大學」為例,有如下近似計算:

$$P\ (清華大學)=P\ (清)\ P\ (華\,|\,清)\ P\ (大\,|\,華)\ P\ (學\,|\,大)$$

我們稱這種語言模型為馬可夫模型(Markov model)(將在第 8 章中

詳細介紹），也叫 bigram 模型，*bi* 對應英文中「兩個」的意思。

當 $k = 1$ 時，有

$$P\ (c_1 c_2 \cdots c_N)\ =\ P\ (c_1)\ P\ (c_2)\ \cdots P\ (c_N)$$

即假設序列中的每個字符均互相獨立。在此模型下，即使改變字符在序列中的順序，整個序列的機率也是不變的。我們稱之為 unigram 模型，uni 對應英文中「一個」的意思。對「清華大學」這個例子來說，即：

$$P（清華大學）= P（清）P（華）P（大）P（學）$$

Unigram 模型是計算最簡單的語言模型，也是相對最不精確的模型。類似的，我們稱 $k = 3$ 的模型為 trigram 模型，$k = 4$ 的模型為 4-gram 模型，依此類推。在實際情況中，通常 k 不會很大。假設字典中有 1,000 個字符，即 $|\ L\ | = 1,000$（實際上會使用的字或者詞的數目遠超過這個數量），那麼對於特定的 k，需要計算的條件機率會有 $1,000^k$ 種不同的組合。因此，k 的取值通常不超過 4。

7.1.3　*n*-gram 的計算

7.1.3.1　最大概似估計

為方便敘述，我們只考慮 bigram 的情況，即 $k = 2$。這裡先介紹如何計算條件機率 $P\ (c_i\ |\ c_i - 1)$。在上文提到，一種直觀的做法是，先蒐集足夠的語料，然後統計在語料中特定字符組合出現的頻率，即對所有長度為 2，且以 $c_i - 1$ 開頭的序列中，第 2 個字符為 c_i 的頻率。用 $O\ (c_1 c_2 \cdots c_N)$ [1] 表示在蒐集的所有語料中，字符序列 $c_1 c_2 \cdots c_N$ 出現的次數，則

$$P(c_i \mid c_{i-1}) = \frac{O(c_{i-1}c_i)}{\sum_{c \in L} O(c_{i-1}c)} = \frac{O(c_{i-1}c_i)}{O(c_{i-1})}$$

在「清華大學」的例子中，假設在一段語料裡，「清」這個字一共出現了 100 次，而「清華」這個詞出現了 10 次，那麼有

$$P(華 \mid 清) = \frac{O(清華)}{O(清)} = \frac{10}{100} = 0.1$$

這裡用語料中的頻率來近似機率。顯然，蒐集的語料越多，得到的機率估計就會越準確。從統計學角度可以證明，當語料有限時，這種用頻率估計條件機率的方法，是最精確的機率估算方法。一般來說，這種機率估計方法，也叫最大概似估計（maximum likelihood estimate，MLE），有興趣的讀者可以自行進一步研究。

7.1.3.2 平滑方法

在實際應用中，我們不可能擁有無限多的語料，因此對條件機率的估計不可能完全準確。例如，有限的語料不可能覆蓋所有可能的文本組合。於是，對一些語料沒有包含的罕見詞彙組合，頻率估計會直接給出 0 的機率。以「師大附中」為例，如果語料中出現過「師大」，也出現過「附中」，但恰好沒有出現「師大附中」這個完整的組合，按照之前提到的頻率計算方式，有 P（附 | 大）= 0。如此一來，

$$P（師大附中）= P（師）P（大 \mid 師）P（附 \mid 大）P（中 \mid 附）= 0$$

也即根據計算結果，無論「師大」與「附中」這對字符組合出現的頻率多高，我們都會認為「師大附中」完全不可能是一個合理的自然語言表達。這顯然是不合理的。

解決這種罕見詞彙導致的歸零問題，最簡單的方法是認為任何字的

組合都是可能的，以避免 0 機率。上文我們採用語料中特定組合出現的次數 $O(c_{i-1}c_i)$，估計條件機率 $P(c_i \mid c_{i-1})$，而正是由於次數統計 $O(c_{i-1}c_i)$ 可能為 0，導致計算結果為 0。簡單的修正方法，就是在統計一個特定序列的出現次數時，直接從 1 開始統計，修正之後，得到的機率就不會出現 0 了。具體來說，用 $\hat{P}(c_i \mid c_{i-1})$ 表示修正之後得到的機率估計，則

$$\hat{P}(c_i \mid c_{i-1}) = \frac{O(c_{i-1}c_i) + 1}{\sum\limits_{c \in L} (O(c_{i-1}, c) + 1)}$$

假設字典中的字符數量為 V，即 $|L| = V$，則有

$$\hat{P}(c_i \mid c_{i-1}) = \frac{O(c_{i-1}c_i) + 1}{O(c_{i-1}) + V}$$

這種透過修改字符次數統計，避免機率為 0 的修正計算方法，稱為平滑方法（smoothing）。而將任意頻率統計增加 1 的平滑方法，叫做拉普拉斯平滑（Laplace smoothing）。對於語料中沒有出現的序列 $c_{i-1}c_i$，拉普拉斯平滑會將機率估計從 0 提升到 $\dfrac{1}{O(c_{i-1}) + V}$。注意到，前一個字符 c_{i-1} 出現的次數越多，條件機率 $\hat{P}(c_i \mid c_{i-1})$ 的修正量越小。

另一方面，對於在語料中出現過的字符組合，拉普拉斯平滑會帶來多大的修改呢？可以代入具體的數值來計算。假設字典中一共有 $V = 10{,}000$ 個字符。下面，我們探究 2 種比較極端的情況。

第一種情況，假設我們擁有足夠大的文本，並得到統計數據 O（清）$= 10^{10}$，O（清華）$= 10^9$。則未修正的機率估計為 P（華 | 清）$= 0.1$，而修正之後的機率估計為

$$\hat{P}(\text{華} \mid \text{清}) = \frac{10^9 + 1}{10^{10} + 10^4} \approx 0.099\,999\,9 \approx P(\text{華} \mid \text{清})$$

在這種情況下，修正的機率估計與未修正的機率估計並沒有什麼差別。也即拉普拉斯平滑在語料足夠多的情況下，對最大概似估計的修改量是可以忽略不計的。

第 2 種情況，假設文本的數量不夠多，比如 O（清）$= 100$，O（清華）$= 10$。這時未修正的機率依然是 0.1，而修正之後的機率為

$$\hat{P}(\text{華} \mid \text{清}) = \frac{10 + 1}{100 + 10^4} \approx 0.001$$

在這種情況下，修正之後的機率，出現了巨大的偏差 —— 變小了 100 倍！

從上面兩個例子可以看出，當語料充足、頻率統計足夠多的情況下，拉普拉斯平滑可以在避免機率為 0 的同時，對原本非零的機率估計值幾乎不產生影響。但是這種方法在語料不夠充足的情況下，並不是特別適用。

對這個問題，一個簡單的改進方法，是在語料不足時，增加一個比 1 小的修正 δ，即

$$\hat{P}(c_i \mid c_{i-1}) = \frac{O(c_{i-1}c_i) + \delta}{O(c_{i-1}) + \delta V}$$

其中 δ 的取值可以視具體情況設為 0.5、0.1、0.01……等。一般語料規模越小，則選取的 δ 越小。這種平滑方法稱為增 δ 平滑（add-δsmoothing）。拉普拉斯平滑可以認為是增 δ 平滑的特例，即增 1 平滑。

拉普拉斯平滑是最簡單的平滑方法。儘管增 δ 平滑透過額外的參數 δ，改善了拉普拉斯平滑的局限性，但由於增加的 δ 還是會對一些頻率較少的字符組合產生相對較大的修正誤差，因此在實際中，表現的並不是

特別理想。

這裡再介紹一個在實際應用中，表現更佳的平滑方法 —— 線性平滑（linear interpolation smoothing）。我們舉一個 trigram 的例子，條件機率 $P(c_i \mid c_{i-2} c_{i-1})$。線性平滑的形式如下

$$\hat{P}(c_i \mid c_{i-2} c_{i-1}) = \lambda_1 P(c_i \mid c_{i-2} c_i) + \lambda_2 P(c_i \mid c_{i-1}) + \lambda_3 P(c_i)$$

這裡需要滿足 $\lambda_1, \lambda_2, \lambda_3 \geqslant 0$，且 $\lambda_1 + \lambda_2 + \lambda_3 = 1$。即對於一個 k-gram 模型，我們將字符 c_i 的條件機率修正為原 1-gram 到 k-gram 這 k 項條件機率的線性組合。λ_i 的值可以根據語料的特點來選取，也可以根據頻率的大小來決定，比如頻率比較高的序列，對應的 λ_i 值就可以高一些；或者當 k-gram 的頻率在語料中為 0 時，線性平滑會將對應 λ_k 設置為 0。

7.1.4　模型評估與困惑度

7.1.3 節介紹了如何計算與修正一個語言模型，那如何評估一個語言模型的好壞呢？與第 3 章監督式學習的做法類似，本章也會採用訓練集和測試集的方法。

首先準備兩個分開的語料集合，訓練語料（training corpus）和測試語料（test corpus）。在訓練語料上，我們統計不同字符組合的頻率，並估計對應的條件機率，然後將計算得到的語言模型，放到測試語料上進行測試。一個好的語言模型，應該對任何自然語句都能準確評估。由於測試集與訓練集均為自然語言語料，我們希望得到的語言模型，對測試集的句子能夠輸出盡量高的機率。要說明的是，為避免語言模型對測試語料過度擬合，在計算語言模型的過程中，應該避免在測試語料上進行訓練或利用測試語料的結果進行參數選擇。在實際中，為了好好選擇參

數，往往會選另一個與訓練語料和測試語料都不同的開發語料（devel-opment corpus/dev corpus），並根據模型在開發語料上的表現進行參數選擇。

由於一個語言模型對一個文字序列輸出的機率往往非常小，如果直接使用機率作為評估標準，大部分場景下都非常不便。因此，在實際操作中，我們使用一個基於機率的簡單變種作為評價標準，稱為困惑度（perplexity）。對一個測試集中的字符序列 $c_1c_2\cdots c_N$，其困惑度記作 $PP(c_1c_2\cdots c_N)$，具體定義如下：

$$PP(c_1c_2\cdots c_N) = P(c_1c_2\cdots c_N)^{-\frac{1}{N}} = \sqrt[N]{\frac{1}{P(c_1c_2\cdots c_N)}}$$

對於一個 bigram 語言模型來說，字符序列 $c_1c_2\cdots c_N$ 的困惑度可以寫作：

$$PP(c_1c_2\cdots c_N) = (P(c_1)P(c_2\mid c_1)\cdots P(c_N\mid c_{N-1}))^{-\frac{1}{N}} = \sqrt[N]{\frac{1}{P(c_1)\prod_{i=2}^{N} P(c_i\mid c_{i-1})}}$$

另一方面，也可以將困惑度理解成一個自然語言可能的分支數的加權平均值（average branching factor）。這裡「可能的分支數」指：對於給定字符序列的每一個前綴，可能是隨後出現的字符的數量。思索一個最簡單的例子，假設需要處理的語言由 0 ～ 9 這 10 個數字組成，且每個數字出現的機率完全均等，都是 10%。在這種情況下，任何前綴之後都可能機率均等地出現任意一個數字。因此這個語言的平均分支數為 10。對應的，對於任意一個長度為 N 的、由 0 ～ 9 這 10 個數字組成序列的困惑度為：

$$PP(c_1c_2\cdots c_N) = \sqrt[N]{\frac{1}{\left(\frac{1}{10}\right)^N}} = 10$$

如果規定在這個語言中，0 之後只能出現 0 或 1，即當出現 0 時，可能的分支數只有 2，那麼對於一個包含 0 的字符序列，其困惑度則會比 10 小。

困惑度起源於資訊理論中的一個重要概念 —— 熵（entropy），它其實是語言模型裡一個字符序列的交叉熵（cross entropy）取指數後的值。因此，在一些自然語言處理研究中，也會對困惑度取對數，並以對數困惑度（log perplexity）作為語言模型的評估值。對熵和困惑度的關係有興趣的讀者，可以自行深入研究。

7.1.5　實用技巧

在實際訓練中，有兩個需要特別注意的地方。首先是未知字符（unknown character），或叫字典外字符（out-of-vocabulary character，OOV）。由於測試語料和訓練語料並不完全一致，在模型訓練完畢需要應用到具體實用場景時，往往會遇到沒有在字典 L 中出現的字符。為解決這個問題，在訓練語言模型時，會引入一個特殊的「未知」字符「<unk>」，來表示所有非常罕見的字符。在具體操作時，可以將訓練集中，出現頻率特別少的字符全部替換為「<unk>」；如果在測試語料中遇到了訓練時沒有出現或出現很少的字符，也對應地替換成「<unk>」。

另一個需要注意的是，對序列 $c_1c_2\cdots c_N$ 中，計算的起始字符 c_1，由於其之前沒有任何字符，在之前的討論中，我們直接使用 $P(c_1)$ 作為其條件機率。在許多應用裡，例如對完整的一句話進行建模時，僅使用 uNigram 中的機率 $P(c_1)$ 是不準確的。實際上，往往還要求 c_1 對應的條件機率是 c_1 恰好作為一句話第一個字符出現的機率。同樣，對字符序列最後一個字符 c_N 也有類似的要求，其條件機率也應當是其作為最後一

個字符對應的機率。因此，在實際對句子建模時，會增加兩個特殊字符
「<start>」和「<end>」，分別表示一句話的開頭和結尾，並將序列 $c_1 c_2 \cdots$
c_N 改寫為 <start>$c_1 c_2 \cdots c_N$<end>，在語言模型中進行計算。以 bigram 為
例，即

$$P(<\text{start}>c_1 c_2 \cdots c_N<\text{end}>) = P(c_1 \mid <\text{start}>)P(<\text{end}> \mid c_N)\prod_{i=2}^{N} P(c_i \mid c_{i-1})$$

7.1.6 實例

7.1.6.1 N-gram 模型的計算

下面以李白的〈將進酒〉為語料，詳細介紹 n-gram 模型的計算。

將進酒

君不見，黃河之水天上來，奔流到海不復回。

君不見，高堂明鏡悲白髮，朝如青絲暮成雪。

人生得意須盡歡，莫使金樽空對月。

天生我才必有用，千金散盡還復來。

烹羊宰牛且為樂，會須一飲三百杯。

岑夫子，丹丘生。將進酒，杯莫停。

與君歌一曲，請君為我傾耳聽。

鐘鼓饌玉不足貴，但願長醉不願醒。

古來聖賢皆寂寞，惟有飲者留其名。

陳王昔時宴平樂，斗酒十千恣歡謔。

主人何為言少錢？徑須沽取對君酌。

五花馬，千金裘。呼兒將出換美酒，與爾同銷萬古愁。

這裡統一將每個由句號或逗號分隔開的短句，都視為一個完整的句子，並在開頭、結尾處加上「<start>」和「<end>」。我們僅考慮這個語料中出現的字符作為字典 L。於是，總共有 $V = 138$ 個字符以及 28 個句子。

下面透過 bigram 和 trigram 的情況，看看兩個模型的差異。在 bigram 中，$P(君 \mid <\text{start}>) = \dfrac{2}{28}$，這也正是語料中句子以「君」字開頭的頻率。接著計算「君」下一個字的機率：

$$P(不 \mid 君) = \frac{O(君不)}{O(君)} = \frac{2}{5}$$

$$P(歌 \mid 君) = \frac{O(君歌)}{O(君)} = \frac{1}{5}$$

在 trigram 中，$P(君 \mid <\text{start}>)$ 仍然是 $\dfrac{2}{28}$。但在計算「君」下一個字的機率時，還需要考慮到「君」前面的字，

$$P(不 \mid <\text{start}> 君) = \frac{O(<\text{start}> 君不)}{O(<\text{start}> 君)} = \frac{2}{2}$$

$$P(不 \mid 與君) = \frac{O(與君不)}{O(與君)} = 0$$

$$P(歌 \mid <\text{start}> 君) = \frac{O(<\text{start}> 君歌)}{O(<\text{start}> 君)} = 0$$

$$P(歌 \mid 與君) = \frac{O(與君歌)}{O(與君)} = \frac{1}{1}$$

可以看到，與 bigram 相比，在 trigram 中前一個詞也造成了重要的作用。當「君」前面是「<start>」時，trigram 更認為「君」後面唯一的可能性是「不」；而當「君」前面是「與」時，trigram 確信「君」後面應該是「歌」，而 bigram 仍認為「君」後面是「不」的機率更大。

7.1.6.2 平滑

我們接下來看看平滑的計算。首先將語料擴大一些，將李白除去〈將進酒〉之外的 767 首詩作為訓練語料，並以〈將進酒〉作為測試語料。經統計，李白的所有詩詞中，一共出現了 $V = 3,377$ 個不同的字符，與 13,534 個句子。

我們具體考量 bigram 模型採用增 δ 平滑，在 δ 取不同值時的預測效果。以〈將進酒〉中「人生得意」4 個字為例。在訓練語料中，有

$$O（人生）= 14，O（生得）= 0，O（得意）= 8，$$

$$O（人）= 646，O（生）= 243，O（得）= 160，O（意）= 97$$

在完全不使用平滑的情況下，根據語料的統計，可以得到

$$P（生 \mid 人）= \frac{14}{646} = 0.0217$$

$$P（得 \mid 生）= \frac{0}{160} = 0$$

$$P（意 \mid 得）= \frac{8}{97} = 0.05$$

因此，$P（人生得意）= 0$。現在考慮使用增 δ 平滑，並探究下面 3 個 δ 的取值。

（1）$\delta = 1$ 時，

$$P（生 \mid 人）= \frac{14+1}{646+V} = 0.003\,73$$

$$P（得 \mid 生）= \frac{0+1}{160+V} = 0.000\,276$$

$$P（意 \mid 得）= \frac{8+1}{97+V} = 0.002\,54$$

（2）$\delta = 0.1$ 時，

$$P(\text{生} \mid \text{人}) = \frac{14 + 0.1}{646 + 0.1V} = 0.0143$$

$$P(\text{得} \mid \text{生}) = \frac{0 + 0.1}{160 + 0.1V} = 0.000\,172$$

$$P(\text{意} \mid \text{得}) = \frac{8 + 0.1}{97 + 0.1V} = 0.0163$$

(3) $\delta = 0.01$ 時，

$$P(\text{生} \mid \text{人}) = \frac{14 + 0.01}{646 + 0.01V} = 0.0206$$

$$P(\text{得} \mid \text{生}) = \frac{0 + 0.01}{160 + 0.01V} = 0.000\,036\,1$$

$$P(\text{意} \mid \text{得}) = \frac{8 + 0.01}{97 + 0.01V} = 0.0413$$

可以發現，使用平滑之後，P（人生得意）均為非零值；且使用的 δ 值越小，對原機率估計的修正越小。在這 3 種 δ 的取值中，$\delta = 0.1$ 可以讓 P（人生得意）的機率最大。因此，如果將〈將進酒〉中的「人生得意」這 4 字短語作為開發語料，進行參數選擇的話，$\delta = 0.1$ 是這 3 種參數中最佳的選擇。

7.1.7　語言模型的應用

介紹完語言模型及其計算後，下面將介紹兩個語言模型最經典，也是最常見的應用 —— 文本生成（text generation）和文本編輯（text editing）。

第一個應用是文本生成。具體來說，給定任意一個前綴，利用語言模型，可以計算出下一個字符對應的機率。例如，在 bigram 中，透過學習李白的詩詞，給定前綴「白」，可以知道機率最高的若干個字符，其機率分別為

「日」：0.109

「雲」：0.075

「玉」：0.057

「<end>」：0.041

可以根據這個機率，隨機選擇下一個字符，並不斷循環，直到終止符「<end>」被選中為止。

以下我們看看學習李白的詩歌後，透過 unigram，bigram 和 trigram 模型，分別能寫出怎樣的詩句。

(1) 不給任何前綴（即只給定「<start>」），3 個模型表現如下。

unigram：

「<start>」「輕」「誰」「沉」「<start>」「我」「奪」「網」「若」「<end>」

「<start>」「毫」「千」「物」「觀」「閒」「日」「燒」「<start>」「<end>」

由於 unigram 模型不考慮詞的相互關係，且 <start> 的比例較大，因此即使在句子中間，也可能會出現 <start>

bigram：

「<start>」「惆」「悵」「落」「飛」「而」「今」「日」「見」「<end>」

「<start>」「故」「人」「<end>」

「<start>」「風」「任」「公」「見」「客」「<end>」

trigram：

「<start>」「忽」「聞」「悲」「風」「四」「邊」「來」「<end>」

「<start>」「起」「立」「明」「燈」「前」「<end>」

「<start>」「故」「山」「有」「松」「月」「<end>」

「<start>」「白」「犬」「離」「村」「吠」「<end>」

(2) 給定第一個字是「君」，3 個模型表現如下。

unigram：

「<start>」「君」「半」「<start>」「昔」「吹」「無」「方」「嶸」「<end>」

「<start>」「君」「極」「人」「<start>」「欲」「裡」「青」「<end>」

bigram：

「<start>」「君」「青」「條」「脫」「寶」「鞭」「從」「廣」「陵」「繞」「床」「<end>」

「<start>」「君」「留」「人」「如」「飄」「若」「未」「窮」「<end>」

「<start>」「君」「糠」「養」「之」「可」「掇」「仙」「人」「間」「<end>」

trigram：

「<start>」「君」「為」「進」「士」「不」「得」「意」「<end>」

「<start>」「君」，「誇」「通」「塘」「好」「<end>」

「<start>」「君」「莫」「馴」「<end>」

「<start>」「君」「從」「此」「謝」「情」「人」「<end>」

可以發現，在 k-gram 模型中，k 越大，生成的文字品質越好。一般來說，困惑度越低的語言模型，生成的語言品質也越高。當然 k 越大，所需的訓練語料也就越多，也越難得到品質更高的語言模型。

我們也可以利用語言模型對句子進行改寫。對於一個語句，如果替換某一個字符，可以顯著降低對應句子的困惑度，那麼該字符很大機率就應該被改寫。比如這個短句，有人在輸入時誤將「藝術」輸成了「醫術」，從而產生了「文學」「是」「一種」「醫術」「形式」的句子。

接著我們利用中文維基百科作為語料訓練 n-gram 語言模型，可以計算得到這句話的困惑度為 1,484.5。而如果修正為「文學」「是」「一種」「藝術」「形式」，則困惑度可以降為 234.5。

7.2 字模型與詞模型

7.2.1 字模型與詞模型的比較

前面我們假定語言模型中所處理的字符均以字為單位，即 $L =$ 所有漢字。但在許多情況下，以漢字為基本單位並不是一個特別好的選擇。比如下面這個句子

「深度神經網路是人工智慧研究的熱點」

如果以字為單位，這句話需要用比較複雜的語言模型計算才能得出對應模型下的機率。但這句話從結構上分析其實並不複雜，「深度神經網路」是一個固定搭配名詞，「人工智慧」也是一個固定組合。因此，這句話如果用詞作為分析的基本單位，可以得到一個長度為 6 的序列

「深度神經網路」「是」「人工智慧」「研究」「的」「熱點」

所以，以詞為基本單位，需要處理的序列長度大大減小了，語言模型也能進行更準確的計算。

不過這個方法帶來的問題是，字典 L 的大小陡然增加了。漢語中常見漢字約有 2,500 個，但常見詞語可達萬或十萬級別。因此在使用 n-gram 語言模型時，可能出現詞頻為 0 的序列也會大大增加，我們也需要更大規模的語料才更能建模。所以，在實際應用中，應根據具體應用的需要及訓練語料的大小，適時選擇以詞還是以字為基本單位，或兩者混合。對較短的語句或短語建模，可以以字為單位；對較長的語句或專業術語較多的場合，則應當考慮以詞為單位。

以下我們看一個例子。這個例子使用中文維基百科的 64 個頁面作為語料，分別學習以字和詞為單位的 4-gram 模型，並進行文本生成。

　　(1) 詞模型，以「電影」開頭：

　　「電影」「或是」「由」「上」「千名」「演員」「臨時演員」「及」「劇組」「及」「許多」「道具」「及」「設備」「組成」

　　「電影」「評論」「的」「主要」「內容」「是」「劇情」「概要」「及」「對」「電影」「的」「印象」

　　(2) 字模型，以「電影」開頭：

　　「電」「影」「評」「論」「的」「影」「響」「社」「會」「被」「看」「做」「是」「一」「個」「民」「族」「的」「時」「候」

　　「電」「影」「發」「展」「中」「國」「著」「名」「的」「醫」「學」「巨」「著」「《」「本」「草」「綱」「目」「》」

　　(3) 詞模型，以「音樂」開頭：

　　「音樂」「理論」「在」「全世界」「的」「音樂界」「占有」「主導地位」

　　「音樂」「是」「自從」「人類」「出現」「後」「就」「伴隨」「著」「人類」「的」「進化」「而」「發展」「的」

　　(4) 字模型，以「音樂」開頭：

　　「音」「樂」「家」「不」「認」「同」「頡」「利」「可」「汗」「的」「政」「令」「與」「改」「革」

　　「音」「樂」「學」「是」「一」「種」「起」「源」「於」「三」「皇」「五」「帝」「的」「傳」「說」

　　可以觀察到，使用詞為基本單位生成的語句相對較長，意思也相對更豐富。

7.2.2　中文分詞

　　透過上面的介紹可以知道，當語料相對豐富的情況下，使用詞作為基本單位，可以得到更好的語言模型。然而，漢語的基本組成單位為漢字。那麼，對任意一句話，應當如何將其轉化為詞語組成的序列呢？

　　將給定的一句漢語分割成若干個連貫的詞，是中文自然語言處理中的重要任務，叫分詞（word segmentation，字組分段）。對一個分詞的算法，輸入是一個連續的漢字序列，輸出則是原句子分割而成的漢語詞彙的序列。這裡介紹一個非常簡單，但是實用效果很不錯的分詞算法——Max Match。Max Match 的基本原理基於貪心法則，該算法需要一個預先製定的詞表，然後從輸入句子的開頭開始，向後尋找最長的、在詞表中出現的子串，並以此作為一個詞分割；如果找不到任何一個詞表中出現的詞彙，則將這單獨的一個字作為一個詞。如此重複直到分割完整句子。

　　算法的偽代碼如下：

算法 12：Max Match 算法

輸入：　字元序列 $c_1 c_2 ... c_N$，詞表 L
輸出：　詞序列 $w_1 w_2 ... w_m$
$i \leftarrow 1, m \leftarrow 0$；

while $i < N$ do
　　found_word ＝ False
　　for $j \leftarrow N$ downto i
　　　　if $(c_i \cdots c_j) \in W$ then
　　　　　　$m \leftarrow m+1$；$w_m = (c_i \cdots c_j)$；
　　　　　　$i \leftarrow j+1$；found_word ＝ True；
　　　　　　break；

```
    if not found_word then
        m←m+1; w_m=(c_i); i←i+1
Return w_1 w_2 ⋯ w_m
```

以「深度神經網路是人工智慧研究的熱點」為例。通常來說，在詞表中會有「深度神經網路」「人工智慧」「研究」「熱點」。

這時，Max Match 算法的計算步驟如下。

（1）首先找出詞彙 w_1＝深度神經網路，$i \leftarrow 7$；

（2）接著沒能找到任何詞表中的詞彙，因而 $i \leftarrow 8$，w_2＝是；

（3）找到詞彙 w_3＝人工智慧，因而 $i \leftarrow 12$；

（4）然後到詞彙 w_4＝研究，並且 $i \leftarrow 14$；

（5）最後依次找到詞彙 w_5＝的，詞彙 w_6＝熱點。

Max Match 算法也有缺陷。首先是它非常依賴詞表，如果出現了一個沒在詞表中的詞，這個算法就無能為力；其次，它使用的貪心策略也並非最優，在許多場景下，這種貪心策略會產生歧義，比如「臺北大學生前來應徵」、「研究生活品質」……等。在中文語境下，這樣的例子並不罕見。現代的分詞算法大多採用機器學習算法，根據整個序列的訊息進行全局分割，有興趣的讀者可以進一步深入研究。

7.2.3　中文與英文的差別

在本章中，均基於中文進行探討和講解。但自然語言處理技術並不局限於特定的語種，同樣的算法也可應用到其他語言。不同語種處理起來會有不同的技巧，這裡重點討論英語和中文處理的差別。這些討論也同樣適用於其他以字母為基本單位的語言，如德語、法語、西班牙語等。

在英語中，一個句子由 26 個字母和分隔符號組成，比如「深度神經網路是人工智慧研究的熱點」翻譯成英語為「deep neural network is a hot topic in artificial intelligence」。與中文最顯著的不同是，英語中字符的數量非常少，因此使用字母作為基本處理單位，會使模型變得異常複雜；而分隔符號的存在，使得以詞作為語言的基本單位顯得非常自然。相比漢字分詞的艱難程度，英語則幾乎不存在這樣的問題。當然某種程度上，英文也存在與中文分詞類似的任務。比如對於「artificial intelligence」來說，由於這是固定搭配，所以應當將這兩個詞視為一個整體來看待，而不能簡單地將「artificial」看成一個形容詞。總體而言，英文更需要關注的是詞性的問題。我們將這個任務稱為詞性標記，英文稱為 part-of-speech tagging，簡稱 POS tagging。比如「We talk about artificial intelligence」和「He gave a talk on artificial intelligence」。這裡儘管都使用了「talk」這個詞，但是在前一句話中，「talk」是作為動詞存在，而第二句話中「talk」是作為名詞存在。再比如「United States」作為一個專屬名詞，並不能把「United」看作一個形容詞，而應該把「United States」視為一個名詞整體。當然中文也存在詞性標記，不過其重要程度在實際中小很多。

儘管沒有分詞的問題，英文和其他西方語種的語言特性也有很多其他困擾。這裡列舉一些英文與中文的主要差別。

（1）英文中有大量的特定名詞。比如英文中最長的單字為「pneumonoultramicroscopicsilicovolcanoconiosis」，是一種肺病。儘管英文常用詞彙並不多，但在許多特定領域，英文有大量拼寫複雜的專有名詞。為了對各類文本都能準確建模，往往需要建立非常龐大的詞表，這對於醫學、化學、生物、法律等專有名詞特別多的領域而言，尤其重要。很多

情況下，如果簡單地將文本中的所有專有名詞都直接轉換成 <unk> 來處理，容易造成比較嚴重的訊息丟失。

（2）英語中存在縮寫與連寫，所以不能單純以空格或分割符號作為劃分單字的絕對依據。比如「U.S.A」，不能因為使用了分隔符號「.」，就將三個字母看成三個不同的單字；再比如「This is a 21-year-old student」中的「21-year-old」。很顯然，如果把連寫和縮寫的字符序列看成一個完整的詞，那這個詞在語料中的出現頻率會非常低，機率語言模型也很難對其準確建模。因此，對於「21-year-old」，應當將其分割為「21」「year」「old」3 個部分；而對於「U.S.A.」則應該視為一個整體。這個將連續的英文序列分割為詞單位的過程，稱為詞條化（tokenization）。某種程度上，詞條化算是英文版本的「分詞」，不過它與中文的分詞側重點和目標完全不同。此外，詞條化對英文自然語言處理是一個必要的關鍵步驟；而中文即使不進行分詞，也可以字為單位進行建模，並獲得不錯的效果。

（3）英語有不同的詞性變化。同樣的單字，有單數和複數的區別，例如「man」和「men」，「apple」和「apples」；有人稱變化，比如「I have」和「he has」；有時態變化「I am happy」和「I was happy」；有詞性變化，「I want to see you」和「I look forward to seeing you」；還有大小寫變化等。在不同語境下，同樣的單字，會有不同的表現形式。因此在傳統英文自然語言處理中，需要先將這些不同形式的單字，變成相同形式，比如將「apples」都變成「apple」，這稱為詞幹提取（stemming）。

對於其他語言，如拉丁語系的西班牙語以及法語等，還有特定的處理技巧。比如，西班牙語詞性存在陰性和陽性的不同表達。與漢語比較接近的語種，如日語，也存在分詞的問題。不過總體來說，在進行了這

些特定的預處理之後,對於語料中的文字序列進行語言模型計算的方式,都是相同的。

隨著自然語言處理技術的發展,也得益於深度學習技術和數據的累積,現在可以在英語中,直接使用字母進行建模(character-level language model)。在漢字處理中,亦能利用漢字的象形性,將其看做圖片,利用電腦視覺技術進行處理。有興趣的讀者可以進一步深入研究。

7.3 向量語義

7.3.1 語義

上面我們學習了不同的語言模型,接下來將學習語義的分析。為方便討論,以下我們均將詞(word)作為建模的基本單位,即處理的語言為詞序列 $w_1w_2\cdots w_N$,其中 w_i 取自於詞表 L,而詞表大小為 V。

在前面的語言模型介紹中,我們僅僅把自然語言的詞看作詞表中的元素,並不關心詞的拼寫或字符組成。事實上,即使將所有的詞均替換成其在詞表中的編號,也不會對 n-gram 語言模型造成影響。但是,如果將「清華大學」替換成拼音「qing hua da xue」,或者轉換成數字形式的中文電碼「3237 5478 1129 1331」,這顯然會對正常人的閱讀產生很大的障礙,我們會感覺原本文字所包含的一些重要訊息丟失了。

人在理解文本時,最重要的是理解每一個詞的語義(semantic)。例如看到「大學」,可以知道「大學」和「中學」、「小學」、「教育」有相關的含義;看到「優秀」、「好」,可以知道這是個褒義詞,與「差」、「壞」是相反的;再如,「蘋果」和「梨子」都是水果,「豬肉」和「牛肉」都是肉類食物……等。這些詞背後的語義,是語言的核心。

那應當怎樣讓電腦處理這些背後的語義訊息呢？

　　統計自然語言處理有一個基礎性的假設，叫分布假設（distributional hypothesis）。分布假設認為，兩個詞的語義越相似，則它們在自然語言中出現的分布就會越接近。換言之，兩個意思相近的詞，所處位置的上下文（context）所表達的意思也應該越接近。比如「青菜」和「白菜」一般都會出現在有關吃飯、菜單或與蔬菜相關的句子中。假設你突然看到了一個陌生詞「茼蒿」，雖然你不知道「茼蒿」的含義，但是如果看到這樣的句子：

　　「今天吃飯吃了茼蒿炒肉」

　　「餐廳裡的茼蒿不是很新鮮」

　　「蒜泥茼蒿非常下飯」

　　那你也可以大概知道「茼蒿」應該是一種和「青菜」或「白菜」差不多的、可以吃的蔬菜。

　　從分布假設出發，如果想表達一個詞的意義，可以利用其上下文的分布作為該詞的特徵。

7.3.2　詞向量

　　如何才能表達出一個詞的語義訊息呢？這裡介紹一個在實際應用中最成功的模型，向量語義（vector semantics），即利用一個高維向量 $w = (w_1, w_2, \cdots, w_d) \in \mathbb{R}^d$ 來表示一個詞，其中 d 為維度。向量語義的本質是將一個抽象的詞，映射到 d 維空間中的一個點。每一個空間的維度對應著某個相應的含義，而該點的具體坐標表達了這個詞的語義，即在各個不同維度下的意義。因此也將這個 d 維空間的向量稱為詞向量（word vector）。從線性代數的角度來看，詞向量將一個詞嵌入到一個特定的

向量空間（vector space），因此更多時候，也稱為詞嵌入（word embedding）。圖 7.1 展示了一些詞向量在二維平面上投影的例子。

從圖中看到，語義相近的詞，在詞向量空間中的位置都比較靠近。我們會在後文對相似性具體定義，並進行更加深入的討論。

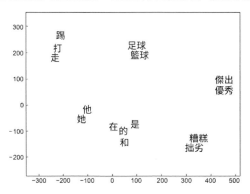

圖 7.1　詞向量在二維平面投影的實例

7.3.2.1　共生向量

基於分布假設，最直接的語義計算方法是統計上下文中詞與詞同時出現的頻率。假設訓練語料中有 M 個短文，對任意兩個詞表中的詞 w 和 v，可以統計 w 和 v 在語料中共同出現的次數，記作 count $(w，v)$，即有多少篇文章中同時包含詞 w 和 v。於是，對於一個包含 V 個詞的詞表，可以得到一個 $V \times V$ 大小的共生矩陣（co–occurrence matrix）。

這裡舉一個簡單的例子說明共生矩陣。探究如下 3 句話：

「紅色」「的」「衣服」

「白色」「的」「衣服」

「白色」「的」「裙子」

假設整個字典中只有 5 個詞，可以得到如表 7.1 所示的共生矩陣。

表 7.1　共生矩陣

	的	紅色	衣服	白色	裙子
的	0	1	2	2	1
紅色	1	0	1	0	0
衣服	2	1	0	1	0
白色	2	0	1	0	1
裙子	1	0	0	1	0

　　對於兩個語義相近的詞，根據分布假設，它們的分布也應當接近。如例子中的「紅色的」和「白色的」。

　　我們可以簡單地把共生矩陣的一列表示作為這個詞的詞向量。如此一來，對每個辭典中的詞 w，都可以得到一個 V 維向量作為詞向量，稱為共生向量（co-occurrence vector）。這是一個最簡單的詞向量計算方式。在這個方法中，由於大部分詞對都不會出現在同一個文章中，所以每個詞向量都有大量的 0 存在。而此 V 通常非常大，所以單純基於共生矩陣的詞向量計算方法，會得到一個高維的稀疏（sparse）表示。

　　圖 7.2 是基於共生矩陣計算的詞向量二維投影。詞向量的計算選取了中文維基百科中的 100 個詞條作為語料，然後統計不同的詞，在同一個詞條中是否出現，來構建共生矩陣。在語料中，V 超過 40,000，也即詞向量的維度超過了 40,000。

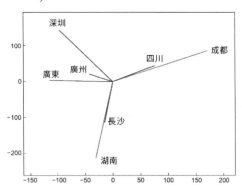

圖 7.2　基於共生矩陣計算的詞向量二維投影

此外，與前面的語言模型不同，在共生矩陣的計算中，我們並不關心詞在文章中出現的先後順序。所以，即使將語料中每篇文章的詞順序全部打亂，也不影響詞向量的最終計算。從某種角度上來看，我們可以將一篇文章看成一個口袋，而詞就像裝入口袋中的物品。模型僅關心口袋中有哪些物品，並不關心它們如何擺放。這種忽略文章中詞序的建模方法，稱為詞袋模型（bag-of-word model）。由於計算簡單，效果也不錯，在實際中，如處理文章級別的長文本，或在相對粗糙且無須對語句詳細建模的任務中，如資訊檢索（information retrieval），詞袋模型都有比較廣泛的應用。

最後，在共生矩陣的計算中，由於忽略了詞的相互順序，如果語料中的文本比較長，那麼即使距離非常遠的兩個詞，也會被模型包含。例如一篇短文中的第一個詞和最後一個詞，儘管它們高機率在語義上沒有任何關係，但依然會被統計到共生矩陣中。一般而言，我們認為詞的相互影響是有局部性的，即兩個詞如果有關，那麼它們在文本中往往距離也比較近。因此，在實際應用中，統計共生矩陣時，往往只考慮一個詞前後距離不超過 k 的詞。以「我」「生活」「在」「臺北」這句話為例。當 $k = 1$ 時，對於「生活」，只有「我」和「在」會被統計到共生矩陣中，而「臺北」則不會。形象地說，這個方法好比為每一個詞打開了以這個詞為中心的窗戶，只有被這個窗戶包含的詞彙，才會被模型考慮在內；如果從左到右依次處理每一個詞，則好像這個窗戶從左向右不停滑動，所以也稱這個方法為滑動窗（sliding window）方法。

7.3.2.2 相似度

在詞的向量表示下，我們知道如果兩個詞 w 和 v 詞義越接近，那它們的詞向量 w 與 v 就應該越像。那如何定量地表示這個相似程度呢？一

個最常用的定量表示，是採用兩個詞向量夾角 $<w,v>$ 的餘弦值 $\cos<w,v>$。這個值可以透過以下方法計算：

$$\cos<w,v> = \frac{w \cdot v}{|w||v|}$$

這裡 $w \cdot v$ 表示向量的內積，$|w|$ 表示向量 w 的模長。其中內積的計算如下：

$$w \cdot v = \sum_{i=1}^{d} w_i v_i$$

而模長，也即向量長度的計算如下：

$$|w| = \sqrt{\sum_{i=1}^{d} w_i^2}$$

這些計算由如下關於向量內積的恆等式變換而來：

$$w \cdot v = |w||v|\cos<w,v>$$

這個恆等式也描述了向量內積的性質：當兩個向量比較接近的時候（即夾角較小時），內積的值比較大；當向量差距比較大的時候（即夾角接近 π 時），內積的值較小；當向量垂直的時候，內積為 0。

我們用上面共生向量的例子來說明向量的內積。在該例子中，有

「紅色」「的」「衣服」

「白色」「的」「衣服」

「白色」「的」「裙子」

根據共生矩陣，

「紅色」的詞向量為 $[1,0,1,0,0]$

「白色」的詞向量為 $[2,0,1,0,1]$

「的」的詞向量為 $[0，1，2，2，1]$

「衣服」的詞向量為 $[2，1，0，1，0]$

「裙子」的詞向量為 $[1，0，0，1，0]$

以「紅色」和「白色」為例，計算出兩個詞向量的內積為

$$1\times 2 + 0\times 0 + 1\times 1 + 0\times 0 + 0\times 1 = 3$$

「紅色」的模長為

$$(1 \times 1 + 1 \times 1)^{\frac{1}{2}} = \sqrt{2}$$

「白色」的模長為

$$(2 \times 2 + 1 \times 1 + 1 \times 1)^{\frac{1}{2}} = \sqrt{6}$$

因此它們的相似度為

$$\frac{3}{\sqrt{6} \times \sqrt{2}} = 0.866$$

同理可計算以上幾個詞兩兩之間的相似度，如表 7.2 所示。

表 7.2　詞向量相似度

	的	紅色	衣服	白色	裙子
的	1	0.447	0.387	0.387	0.447
紅色	0.447	1	0.577	0.866	0.500
衣服	0.387	0.577	1	0.667	0.866
白色	0.387	0.866	0.667	1	0.577
裙子	0.447	0.500	0.866	0.577	1

注意，夾角的餘弦值本質上是內積正則化之後的結果，即將兩個向量都縮放成模長為 1 的單位向量之後，做內積的結果。而在基於共生矩陣的詞向量計算方法下，不同詞向量的模長，可以差距非常大。例如對於最常見的詞「的」，幾乎會出現在每一個語料的短文中，因此模長會非常大；而一些比較少見的詞彙，則會得到一個非常稀疏的詞向量，對

應的模長也會非常小。在實際操作中，往往會先將詞向量進行歸一化（normalization），以保證詞向量的模長均是 1，或均非常接近 1，以簡化相似度或其他類似詞向量度量的計算。

7.3.2.3　詞向量的應用

　　除了計算詞義相似度，或根據詞義將詞投影到平面來展示不同詞的意思，詞向量也是現代自然語言處理領域幾乎最核心的技術。

　　自然語言處理與第 3 章討論的機器學習中的迴歸和分類問題，以及第 6 章電腦視覺中的圖片處理，之間的最大不同在於，大部分現代統計機器學習和深度學習方法，處理的數據都是連續數據，而自然語言需要處理離散數據。簡言之，就是「實數」和「整數」的分別。對於實數，我們可以做加減乘除等線性運算。例如在線性分類中，可以對數據做線性變換，然後根據輸出的結果進行分類。但對自然語言而言，一個離散數據做線性運算之後，並不能得到離散數據。比如「臺北」這個詞，無法進行加減乘除，「我在臺北」這句話，也無法做線性迴歸或者分類。這些基於實數的加減乘除運算，對於離散的字符完全沒有意義，因此也不能直接使用經典的機器學習技術來處理離散的自然語言文本。

　　然而有了詞向量之後，則完全不一樣了：一個離散的詞變成了一個連續的向量。從另一個角度來看，對於詞 w 的 d 維詞向量 w，也可以認為這 d 個實數 $w_1 w_2 \cdots w_d$ 就是詞 w 的 d 個特徵。我們甚至可以計算句子或短文的特徵：對於句子 $w_1 w_2 \cdots w_N$，最簡單的特徵計算方法，就是取所有句子中詞向量的平均值，作為句子的特徵，即 $\dfrac{1}{N}\sum_{i}^{N} w_i$。我們知道，數據和特徵是機器學習的關鍵。因此，有了詞向量之後，就可以將所有機器學習的技術，應用到自然語言處理領域中。

最簡單的例子是文本分類（text classification）。例如，如果希望區分一個文章是關於政治的、體育的，還是娛樂的，只需要先計算出所有詞語對應的詞向量；根據詞袋模型，對每一篇文章中所有詞的詞向量取平均值，作為該文章的特徵；然後利用 SVM 或任何一個機器學習分類算法，在訓練語料上進行訓練，就可以得到一個文本分類器了。

最後，詞向量還是所有基於深度學習的自然語言處理技術的基石。7.3.3 節將會進一步介紹。

7.3.3　word2vec

前面介紹了如何利用共生矩陣得到一個高維度的稀疏詞向量。由於詞向量的維度比較高（實際應用中，詞表大小可達萬，甚至 10 萬級別），實際應用時會有許多困難，例如計算量大、儲存空間大等。而且，在幾乎所有的自然語言處理任務中，相對低維度的（50 ～ 500 維）的稠密向量，都會比高維度的稀疏向量表現要好很多。因此，一個很自然的問題是，我們能否直接計算得到這樣的低維度稠密向量，而不是透過採用一些降維的算法（如主成分分析（PCA）算法，本書中不做介紹，感興趣的讀者可以進一步學習）？

語言學家早在 1950 年代，就開始低維度稠密詞向量的相關研究了。例如，在一個特定領域中，可以定義一些屬性，然後透過對屬性進行評分，得到描述每個詞的詞向量。例如對於水果，可以定義酸度、甜度、大小、種類……等，最後得到一個水果的詞性表示。但這樣的手動分類方式，需要大量的專業知識與人工標注，很難廣泛應用到現實生活中。

為解決這個難題，這裡將介紹一個基於機器學習的方法 —— word-2vec（word to vector）。Word2vec 算法的核心，是將詞向量的計算轉化成

機器學習的分類問題，並把每個詞的詞向量視為機器學習模型的參數，以及把訓練語料看成訓練數據；然後定義一個分類損失函數，並透過梯度下降算法進行優化；最後，分類模型訓練收斂後得到的參數，就是最終的詞向量。

7.3.3.1　連續詞袋模型

Word2vec 探究一個分類問題：給定詞上下文（contex）「$c_{-k}\cdots c_{-1}$？$c_1\cdots c_k$」，判斷一個詞 w 是否應該出現在「？」的位置。根據分布假設，可以知道一個詞的詞義與上下文，即該詞在句子中的前後 $2k$ 個詞語緊密相關。對於這個分類問題，可以用機器學習的方法得到一個分類器，輸出每個詞 w 出現在中間位置的機率。訓練完成後，對於一個語料中原本的詞 w，和一個與其不相關的詞 w'，w 出現在「？」位置的機率應該比 w' 高。舉個例子，探究「我在北京讀大學」這個句子。我們希望訓練一個分類器，能給出一個目標詞出現在「我在？讀大學」中「？」位置的機率。原詞「北京」在訓練文本中出現過，應當機率較高；與其意義相近的詞，如「上海」，填入該位置應當也比較通順。但一個與其毫無相關的詞，如「西瓜」或「跑步」，在此上下文條件下，能讓整個句子顯然通順的機率應當比較小。一個好的詞向量選擇，應當在某種計算模型下，滿足這個分類問題的優化目標。

這裡要強調的是，word2vec 算法關注的只是最終得到的詞向量，而不是分類問題最後得到的分類器表現。這裡探究的分類問題設定，只是為了方便應用機器學習、求解詞向量，而特殊構選的優化目標。在此框架中，人工設定的分類問題的輸入，是一個去掉中間詞的上下文，輸出是一個詞填入文中的機率。這種分類建模方法也被 word2vec 的作者稱為連續詞袋模型（continuous bag–of–word model，CBOW）。

7.3.3.2 二分類問題

在 7.3.3.1 節中，連續詞袋模型研究了對於整個詞表的多分類問題。在實踐中，由於詞表往往很大，這樣的多分類問題，帶給具體計算很多困難。為了簡化計算，在這一節中，將探究一個形式上大幅簡化的二分類問題：給定上下文「$c_{-k}\cdots c_{-1}$？$c_1\cdots c_k$」和特定詞 w，w 是否「合適」出現在「？」的位置？如果我們可以解決這個二分類問題，那麼對於任意上下文，只需要對詞表中的每一個詞都計算其對應的「合適」度，並選擇最合適的詞作為原本連續詞袋模型的輸出。而將一個複雜多分類問題，簡化為一個等價的二分類問題的技巧，正是 word2vec 算法的核心思想。

我們用 P（＋｜w，c_i）表示 word2vec 的二分類問題中，詞 w 和一個特定的上下文詞 c_i 適合一起出現在文本中的機率，並用 P（－｜w，c_i）表示詞 w 和詞 c_i 不適合一起出現的機率。這裡 P（＋｜w，c_i）＋P（－｜w，c_i）＝1。

那如何表示「適合一起出現」的機率呢？我們希望定義某種可透過詞向量計算的實數，來表示兩個詞的「適合度」。如果詞 w 與上下文 c_i 的適合度比較高，即「適合度（w，c_i）」比較大，則它們一起出現的機率也應該比較大；否則它們適合一起出現的機率應該比較小。我們希望該適合度可透過詞向量運算得到。一個最簡單的度量函數便是向量的內積。

具體來說，word2vec 對於每個詞定義兩個向量，一個是詞本身的詞向量，另一個是其作為其他詞上下文時，使用的上下文向量。Word2vec 定義，如果詞 w 的詞向量 w 與上下文詞 c_i 的上下文向量 c_i 的內積比較大，則該兩個詞的適合度高，即：

$$適合度\ (w, c_i) \approx w \cdot c_i$$

由於不同詞向量的模長會有差別，理論上應該使用向量夾角的餘弦作為適合度值。Word2vec 算法為了簡化計算，直接採用沒有歸一化的內積值代替餘弦值。在實際應用中，如果優化算法應用得當，最終得到的每個詞向量的模長通常相差無幾。

有了適合度的定義，我們接下來採用與第 3 章監督式學習中所講的 $0-1$ 分類問題同樣的方法，定義機率 $P\ (+\mid w, c_i)$ 與 $P\ (-\mid w, c_i)$。具體來說，可以採用邏輯函數（logistic function），即 sigmoid 函數，將 w 和 c_i 適合同時出現的機率 $P\ (+\mid w, c_i)$ 定義如下：

$$P(+\mid w, c_i) = \frac{1}{1 + e^{-w \cdot c_i}}$$

同理，定義 w 和 c_i 不適合同時出現的機率 $P\ (-\mid w, c_i)$ 為

$$P(-\mid w, c_i) = 1 - P(+\mid w, c_i) = \frac{e^{-w \cdot c_i}}{1 + e^{-w \cdot c_i}}$$

這樣我們得到了詞 w 和一個特定的上下文詞 c_i 適合同時出現的機率表示。在分類問題中，還需要計算詞 w 與 $2k$ 個上下文詞 $c_{-k} \cdots c_{-1}$ 與 $c_1 \cdots c_k$ 都適合一起出現的機率。對此，word2vec 採用了最簡單的處理方式，即詞袋模型的思維：假設該 $2k$ 個上下文詞與詞 w 相互獨立。於是我們把 w 與每一個 c_i 合適出現的機率直接相乘，得到它與整個上下文一起出現的機率：

$$P(+\mid w, c_{-k} \cdots c_k) = \prod_{1 \leqslant |i| \leqslant k} P(+\mid w, c_i)$$

在實際操作時，由於計算精度的限制，一般使用對數機率，即

$$\log P(+\mid w, c_{-k} \cdots c_k) = \sum_{1 \leqslant |i| \leqslant k} \log P(+\mid w, c_i)$$

我們希望經過訓練，最後得到的詞向量能夠使上述機率對於適合一起出現的文本盡量夠大。這樣，便得到了我們需要優化的目標函數的完整數學表達。

那什麼樣的文本適合一起出現呢？一個自然的選擇，便是訓練語料。我們認為訓練語料提供的每一個句子中的文字，都是適合出現在一起的。然而，僅有適合一起出現的文本是不夠的。在訓練中，由於語料的句子僅提供這個二分類問題的正例，因此我們無法按照機器學習一般處理方法，直接優化上述損失函數，因為一個二分類問題不僅僅需要正例，還應當有足夠的反例。例如，如果我們希望訓練一個機器學習模型，判斷一張圖片是不是蘋果，那麼，只提供蘋果的圖片是不夠的，因為一個將任意圖片都判斷為蘋果的模型，便可在訓練數據上得到 100% 的正確率。對應到 word2vec，則只要讓詞向量都相同，便可最大化上述機率。

那如何得到反例呢？由於詞表很大，適合出現在一起的詞，遠沒有不適合出現在一起的詞多。因此，可以隨機從詞表中選擇在當前句子中沒有出現的詞作為反例，並希望對隨機選擇的反例 n_i，有 w 和 n_i「不適合」一起出現的機率 $P(-\mid w, n_i)$ 能盡量大。假設一共隨機選取了 m 個反例，分別為 $n_1, n_2, \cdots, n_m$。則對於訓練語料中的一個句子 $c_{-k}\cdots c_{-1}wc_1\cdots c_k$，有 $2k$ 個正例 $(w, c_{-k})\cdots(w, c_k)$，與 m 個反例 $(w, n_1)\cdots(w, n_m)$。此時，用 θ 表示模型的參數（即每個詞的詞向量及上下文向量），就可以得到關於詞 w 的完整目標函數：

$$L(w, \theta) = \sum_{1\leqslant|i|\leqslant k}\log P(+\mid w, c_i) + \sum_{1\leqslant i\leqslant m}\log P(-\mid w, n_i)$$

現在將語料中全部的正例表示為 D^+，把所有隨機產生的反例表示為 $D-$，則 word2vec 的完整二分類目標函數為

$$L(\theta) = \sum_{(w,c_i) \in D^+} \log P(+ \mid w,c_i) + \sum_{(w,n_i) \in D^-} \log P(- \mid w,n_i)$$

訓練的目標是優化參數 θ，使得目標函數最大化 [2]。

　　訓練的過程與一般的機器學習優化類似。首先，隨機初始化所有的參數，即隨機初始化所有的詞向量和上下文向量；然後應用梯度下降算法直到收斂。注意，最後對於每個詞，會得到兩個不同的向量，一個是這個詞本身的詞向量，另一個是其作為上下文時使用的上下文向量。我們可以直接將上下文向量丟棄，只保留詞向量，也可以把兩個向量連接在一起，得到維度為原本模型維度 2 倍的新向量，來作為最終的詞向量。這兩個方法在實際中都很常用。最後，在 skip-gram 模型中，上下文的區間長度 k 是 word2vec 算法中相對重要的參數。k 的取值都會在開發集中進行測試，並根據語料的不同進行選取。通常而言，k 不會超過10。

　　圖 7.3 展示了 word2vec 算法的具體實現流程。

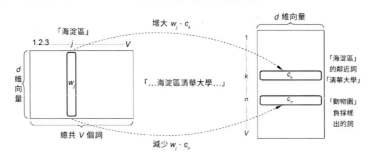

圖 7.3　word2vec 算法的實現流程

7.3.4　可視化示例

　　在本節中，將展示一些具體的詞向量示例。我們使用維基百科上的中文詞條作為語料訓練，使用 word2vec 得到訓練詞向量，並從訓練好的

詞向量中挑出一些常見的詞，投影到二維平面展示。圖 7.4 展示了 7 個
計算好的詞向量，在平面的投影與對應的詞。

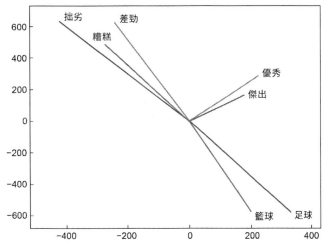

圖 7.4　基於 word2vec 的詞向量的二維投影

不難看到，同類型的詞之間夾角較小，不同類型的詞之間夾角較
大。同樣的，同義詞之間（例如「優秀」和「傑出」）的夾角較小（即
夾角的餘弦值較高），而反義詞之間（例如「優秀」和「拙劣」）的夾角
則會較大。表 7.3 展示了各個詞之間的相似度。

表 7.3　詞彙之間的相似度

	優秀	傑出	拙劣	足球
優秀	1	0.701	0.424	0.288
傑出	0.701	1	0.381	0.270
拙劣	0.424	0.381	1	0.224
足球	0.288	0.270	0.224	1

此外，透過 word2vec 計算得到的詞向量，還會有一些有趣的現象，
例如，我們發現透過詞向量的運算，可以得到一些特定的近似等式。在
word2vec 最早的論文中，研究人員發現，在使用大量英文語料訓練詞向

量後，詞 queen（女王）和 king（國王）的詞向量做差得到的向量，與 woman（女人）與 man（男人）做差得到的向量幾乎一樣（見圖 7.5）。於是就得到了這樣的等式

$$queen - king + man = woman$$

注意到 queen 是女性的國王，從某種角度上來說，是女人加上了國王的屬性。這說明詞向量的線性運算，有時可以表現詞的類比（analogy）關係。類似的例子還有 Paris － France ＋ Italy ＝ Rome 以及 cars － car ＋ apple ＝ apples 等。同樣的，在中文中，透過用大量新聞語料進行訓練，也可以得到類似的結果，比如（圖 7.6 是等式的圖示）

$$湖南－湖北＋武漢＝長沙$$

感興趣的同學可以上網查找相關資料，並自己動手實踐相關的結果。

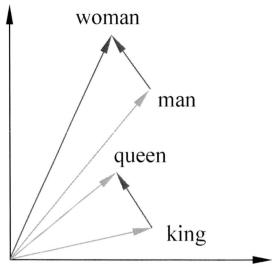

圖 7.5　著名的「國王與女王」的例子

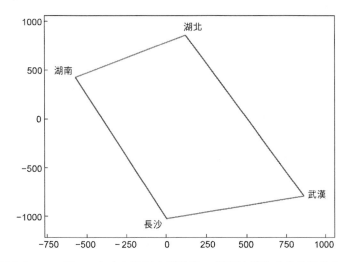

圖 7.6 word2vec 在中文語料上訓練後，得到的部分「省分與省會」
的詞向量在二維平面的投影

7.4 基於神經網路的自然語言處理

在 7.1 節的 n-gram 語言模型裡，對於一個詞序列 $w_1w_2\cdots w_N$，模型的核心目標是對每個序列中的詞 wi 計算條件機率

$$P\left(w_i \mid w_{i-k+1}\cdots w_{i-1}\right)$$

以 bigram 為例，在之前的論述中，我們透過統計訓練語料的頻率，來計算這個條件機率，即

$$P(w_i \mid w_{i-1}) = \frac{O(w_{i-1}w_i)}{\sum_{w \in L} O(w_{i-1}w)} = \frac{O(w_{i-1}w)}{O(w_{i-1})}$$

為了解決罕見詞條機率為 0 的問題，我們提出多種平滑的方法。但當詞表大小不斷增加，同時在使用 trigram 或者 4-gram 等使用較長上下文的模型時，由於詞的不同組合數呈指數增加，僅使用平滑來避免 0 機

率，在實際應用中往往效果不佳。

不過，由於每個詞有其背後的語義，除了詞頻統計，我們還可以透過詞義得到許多額外的訊息。例如「我住在 [*]」這個句子，假設在語料中，「在」這個字出現了 100 次，「在臺北」這個短語出現了 30 次，而「在上海」這樣的搭配則從來沒有出現過。若直接使用頻率計算 n–gram 模型則有的方法有

$$P（北京 \mid 在）= \frac{P（在北京）}{P（在）} = \frac{30}{100} = 0.3$$

而

$$P（上海 \mid 在）= 0$$

但我們知道，「北京」的詞義與「上海」非常相似（均為中國的城市）。即使「在上海」這個短語在語料中沒有出現，基於對語義的理解，「我住在上海」也應該是一個自然的表述。N–gram 模型由於在計算過程中完全沒有利用語義訊息，因此很容易出現這種與語言直覺不符的例子。

如何能夠在計算條件機率時，將每個詞的語義訊息考量進去呢？從 7.3 節可以知道，詞向量可以很好地表示語義訊息。本節將介紹一個可以高效利用語義訊息的模型 —— 神經網路語言模型（neural language model）。

7.4.1　基於神經網路的 bigram 模型

本節將以 bigram 為例，介紹神經網路語言模型。假設詞表 W 的大小為 V。我們希望用神經網路表示條件機率 $P\left(w_i \mid w_{i-1}\right)$，即當前詞為 w_{i-1} 時，詞表中的每個詞 w 出現在 w_{i-1} 後的機率。用數學語言來描述

這個問題，則是希望尋找一個函數 f，給定詞表 $L = \{w^1 , w^2 , \cdots , w^V\}$，及當前詞 w_{i-1} 作為輸入，輸出一個長度為 V 的向量 $o = (o_1 , o_2 , \cdots , o_V)$，其中 o_i 表示詞表中第 i 個詞出現在 w_{i-1} 之後的機率。

下面具體說明如何利用神經網路表示這個函數：

首先，由於神經網路只能處理連續輸入，需要把詞表中的所有詞及當前詞 w_{i-1} 都轉變為詞向量，即 $\{w^1 , w^2 , \cdots , w^V\}$ 以及 w_{i-1}；

由於輸入的是當前詞 w_{i-1}，可以根據 w_{i-1} 計算隱藏層 h

$$h = \sigma\ (Ww_{i-1} + \mathrm{b})$$

其中矩陣 W 和向量 b 為神經網路的參數，$\sigma\ (\cdot)$ 表示激勵函數，常見的激勵函數有 sigmoid 函數、tanh 函數以及 ReLU 函數等。這裡僅採用一層隱藏層。在實際應用中，可以採用更多的隱藏層以提高神經網路的表達能力。

有了隱藏層 h 之後，需要為詞表中的每個詞 w^i 計算其對應的機率。這裡的計算目標與第 2 章中的多分類問題類似，均是輸出一個機率分布。因此，我們將當前的計算視作一個 V 類的分類問題，並採用 softmax 函數進行最後機率值的計算。具體來說，對於詞表中的詞 w^i，首先根據隱藏層 h 及其詞向量 w^i 計算該詞對應的邏輯值 βi

$$\beta_i = h^T U w^i$$

其中矩陣 U 是神經網路的參數。然後對 βi 套用 softmax 函數得到最後的機率 α_i，即

$$P\,(w^i \mid w_{i-1}) = \alpha_i = \mathrm{softmax}(\beta_i) = \frac{\mathrm{e}^{\beta_i}}{\displaystyle\sum_{j=1}^{V} \mathrm{e}^{\beta_j}}$$

在計算中，我們共引入了 3 個神經網路參數：W，b 和 U。這些參數需要從訓練數據中學習得到。

7.4.2　訓練神經網路

有了神經網路的表示，接下來定義訓練數據。與 word2vec 模型一樣，在 bigram 模型下，我們認為語料中所有連續出現的詞序列（w_{i-1}，w_i），都是一個訓練數據，即當神經網路的輸入是 w_{i-1} 的時候，神經網路的分類輸出應該是 w_i。根據多分類問題的損失函數，可以類似地定義在神經網路語言模型下，數據（w_{i-1}，w_i）的損失函數，即

$$L(w_{i-1}, w_i) = -\log P(w_i \mid w_{i-1}) = \log\left(\sum_{j=1}^{V} e^{\beta_j}\right) - \beta_i$$

定義了損失函數之後，只需用梯度下降算法優化神經網路的參數即可。注意到，與 word2vec 中的二分類問題不同，由於這裡使用多分類問題進行建模，並採用了 softmax 函數，因此無需利用負採樣生成額外的反例。

7.4.3　基於神經網路的 n-gram 模型

神經網路語言模型可以很容易地推廣到 trigram、4-gram 或者任意 k-gram。以 trigram 模型為例，在 trigram 中，需要計算的條件機率為 $P(w_i \mid w_{i-2} w_{i-1})$，在對應的神經網路中，也同樣需要計算一個隱藏層 h。與 bigram 不同的是，此時 h 的輸入有兩個詞向量 w_{i-2} 和 w_{i-1}。只需將這兩個詞向量拼接在一起，輸入隱藏層即可。具體來說，假設 w_{i-2} 和 w_{i-1} 為兩個 d 維的詞向量，則可將其拼接成長度為 $2d$ 的向量 $[w_{i-2}, w_{i-1}]$ 來計算 h，即

$$h = \sigma\left(W\left[w_{i-2}, w_{i-1}\right] + b\right)$$

其餘部分的計算不需要做任何改變。

　　類似的，對於任意 k–gram，只需將 $k-1$ 個詞向量拼接之後，計算隱藏層即可。k 越大，神經網路的表達能力就越強。當然，神經網路的參數量也更多，訓練需要的數據也越多，優化目標函數也更困難。

　　圖 7.7 展示了神經網路語言模型的具體計算流程。

　　最後，本章介紹的神經網路語言模型只能應用於特定 k 值下的 k–gram 模型。而透過之前的介紹我們知道，n–gram 模型其實是真實條件機率 $P\left(w_i \mid w_1 w_2 \cdots w_{i-1}\right)$ 的近似。那是否能利用神經網路對整個序列進行建模呢？答案是肯定的。在前端研究中，有 2 種廣泛用於對文本建模的神經網路結構 —— 遞歸類神經網路（recurrent neural network）和基於注意力機制的神經網路（attention–based neural network）。基於這 2 種相對複雜的神經網路模型，可以開發出許多實際生活中的自然語言應用，包括人機對話系統（如蘋果手機的 Siri）、翻譯系統（如 Google 翻譯）、摘要和標題生成（如今日頭條的新聞標題輔助創作系統）以及搜尋引擎的關鍵字匹配等。限於篇幅和深度，本教材不對此深入介紹，感興趣的同學可以自行研究。

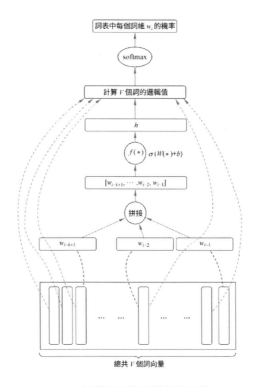

圖 7.7　神經網路語言模型的計算圖

本章總結

本章圍繞語言模型，介紹了經典的 n–gram 模型及其計算。接著從字模型延伸到詞模型，介紹了基本的語義計算方法。最後基於詞向量，介紹了更強大的神經網路語言模型。

語言模型和詞向量是自然語言處理領域的核心模組，利用這兩個基本組成部分，可以解決大量的自然語言處理問題。希望讀者透過本章了解自然語言處理的基本原理，並對複雜語言處理的探究產生熱情，在未來可以真正解決實際生活中的自然語言處理難題。

歷史回顧

　　N-gram 模型的雛形由俄國數學家安德烈‧馬可夫（Andrey Markov，俄文 Андре́й Ма́рков，1856 ～ 1922）在 1913 年首次提出。馬可夫在其論文中第一次使用了 bigram 和 trigram 對普希金（Aleksandr Sergeyevich Pushkin）的小說《葉甫蓋尼‧奧涅金》（*Evgeny Onegin*）進行建模。這些模型現在也稱為馬可夫鏈（Markov chain）。1948 年，資訊理論之父 ── 美國數學家克勞德‧夏農，在其論文中第一次使用 *n*-gram 模型對英文文本進行近似計算，從此 *n*-gram 模型等馬可夫模型，開始被各個領域廣泛應用於對詞序列的建模。

　　向量語義，即一個詞的詞義可以用高維空間中的一個坐標來表示。1957 年，向量語義由 Osgood C.E.，Suci G.J. 和 Tannenbaum P.H. 在其心理學著作《*The Measurement of Meaning*》中首次提出。基於神經網路的語言模型（neural language model），是深度學習時代下，自然語言處理最基本的工具。2000 年，最早的神經網路語言模型由 Yoshua Bengio 在其經典論文〈*A neural probabilistic language model*〉中首次提出。2018 年，Yoshua Bengio 因為在深度學習領域的諸多奠基性工作，與 Geoffrey Hinton（深度學習領域奠基人）和 Yann LeCun（卷積神經網路發明人）共同榮獲電腦科學領域最高榮譽 ── 圖靈獎（Turing Award）。

　　Word2vec 於 2013 年由來自 Google 的研究者提出。算法發表的同時，Google 也在網路上發布了 word2vec 的工具包。由於簡單高效，word2vec 成為現在使用最廣泛的詞向量計算工具。

練習題

1. 請以 0 ～ 9 這 10 個數字作為字典,將全體自然數視為訓練語料,
建立語言模型。

(1) 完成下列填空

$$P(0) = \rule{3cm}{0.4pt}$$

$$P(1) = \rule{3cm}{0.4pt}$$

$$P(0 \mid 9) = \rule{3cm}{0.4pt}$$

$$P(7 \mid 977) = \rule{3cm}{0.4pt}$$

(2) 如果此時把全體不包含 0 這個數字的自然數作為訓練語料,建
立語言模型,那麼上面的答案會出現什麼變化?

2. 假設以 A,B 這兩個字符作為字典,對於某種語料得到的語言模
型條件機率如下:

$P(A) = 0.2$,$P(B) = 0.8$,

$P(A \mid A) = 0.1$,$P(A \mid B) = 0.9$,

$P(A \mid AA) = P(A \mid AB) = 0.5$,$P(A \mid BB) = 0.3$,$P(A \mid BA) = 0.8$

(1) 計算以下條件機率

$$P(B \mid A) = \rule{3cm}{0.4pt}$$

$$P(B \mid B) = \rule{3cm}{0.4pt}$$

$$P(B \mid AA) = \rule{3cm}{0.4pt}$$

$$P(B \mid BB) = \rule{3cm}{0.4pt}$$

(2) 根據給出的語言模型,在訓練語料中出現最頻繁的 3 字短語是

什麼？出現的頻率是多少？

（3）給定測試語料 ABB，請計算上述語言模型的困惑度 PP（ABB）。

（4）假設使用另一個訓練語料，得到了一個新的語言模型。這裡將（1）～（3）中使用的語言模型稱為 1 號模型，現在新得到的語言模型稱為 2 號模型。在 2 號模型中，有 P（A）= 0.6，且其餘條件機率取值和 1 號模型完全一致。假定唯一的測試語料為 ABB，那麼這兩個語言模型哪個更好？為什麼？

3. 根據下面給定語料，以字為基本單位，計算 unigram，bigram 和 trigram 語言模型下，使用不同平滑策略所對應的條件機率的值。

語料：「你不知道我知道你知道我不知道你知不知道。」

（包括句號「。」共 20 個字符）

unigram		
	無平滑	拉普拉斯平滑
P（你）		
P（知）		
P（他）		

bigram			
	無平滑	拉普拉斯平滑	增 δ 平滑 $\delta = 0.01$
P（不 | 你）			
P（知 | 我）			
P（知 | 你）			
P（道 | 不）			

trigram			
	無平滑	增 δ 平滑 $\delta = 0.01$	線性平滑 $\lambda_1 = 0.2, \lambda_2 = \lambda_3 = 0.4$
P（道 | 你知）			
P（我 | 知道）			

4. 根據練習題 3 中的語料完成以下題目。

（1）找出頻率最高的 3 字短語。

（2）為了方便起見，不考慮起始字符「<start>」，不採用任何平滑，利用 n-gram 模型對長度為 3 的字符序列 $c_1c_2c_3$ 按照如下方式建模：

$$P\ (c_1c_2c_3) = P\ (c_1)\ P\ (c_2\,|\,c_1)\ P\ (c_3\,|\,c_1c_2)$$

根據所得到的語言模型，按照貪心法則，按順序生成 3 字短語。貪心法則即每一步總選擇基於當前上下文條件機率最大的字生成。

（3）貪心法則得到的 3 字短語是語料中頻率最高的嗎？這是根據語言模型生成的機率最高的短語嗎？如果是，那麼貪心策略總能夠找到機率最高的文本嗎？如果不是，請給出改進方案。

5. 用 A，B，C，D 來表示 4 個不同的中文詞，請根據下面各小題中的描述完成推測，並說明作出對應推測的理由。

（1）若使用高中國文課本中的部分文章作為訓練語料，並得到如下共生矩陣（co-occurrence matrix）。

	A	B	C	D
A	0	1	79	50
B	1	0	138	90
C	79	138	0	3
D	50	90	3	0

那麼 A，B，C，D 可能是哪 4 個詞？給出一種合理的猜測，並說明為什麼？

（2）假設經過 word2vec 計算後，得到如下的詞向量

$$A = [-1，0.5，0.75]$$
$$B = [1，-0.5，-0.75]$$
$$C = [-0.25，-2，1]$$

$$D = [-0.24, -2.1, 0.99]$$

如果 A 代表詞「優異」，C 代表「慶祝」。那麼 B 和 D 可能分別代表什麼詞？為什麼？

6. 有一個經典的英文猜字遊戲規則如下：

一個同學心中想好一個祕密英文單字 w，然後在黑板上畫出 w 中字母數目個空格。接下來有若干回合，每一個回合中，班級裡其他同學可以選擇①向臺上的同學提問該單字是否含有某一個字母；②猜測該單字是什麼。如果同學選①，且祕密單字中確實含有對應的字母，那麼臺上的同學就要把這個字母寫到對應的空格位置裡。如果在若干回合內，有同學猜對單字是什麼，則臺下同學獲勝；否則臺上同學獲勝。

現在，Alice 和 Bob 就進行了一場這樣的遊戲，過程如下。

Alice 在黑板上寫下了 5 個空格 ［］［］［］［］［］，表示祕密單字有 5 個字母；

Bob 問，單字中是否含有 e？ Alice 回答，有，並把 e 寫到了對應空格裡 ［］［］［］［］e

Bob 問，單字中是否含有 a？ Alice 在黑板上繼續寫下了 a，現在黑板上是 a ［］［］［］e

Bob 問，單字中是否含有 p？ Alice 把 p 也寫上了黑板，a p p ［］e

Bob 說，我知道了，妳的祕密單字是 apple！於是 Bob 獲勝。

根據 Bob 的表現、你至今所學習的 AI 知識，以及語言模型的知識，Bob 在這個遊戲中的表現如何？他的策略合理嗎？為什麼？

7. 利用實驗教材中的詩詞語料以及相關代碼，動手實踐使用語言模型生成文本，並對不同模型進行評價。

8. 利用實驗教材中的相關代碼，動手實踐利用 word2vec 計算詞向量，你還能找到其他類似「湖北－湖南＋長沙＝武漢」的例子嗎？

9. 程式設計題，國際資訊奧林匹克競賽 IOI2010 Day1 Task 4，Language.

https：//ioi2010.org/Tasks/Day1/Language.shtml。

10. 對於 word2vec 問題，可以將優化問題定義成多分類問題嗎？相應地，可以將任意多分類問題都利用負採樣技術簡化成二分類問題嗎？將一個分類問題定義成多分類或二分類問題，各有什麼優缺點？

11. 可以使用神經網路語言模型（neural language model）的方法學習詞向量（word vector）嗎？如果可以，和 word2vec 相比有什麼優缺點？在實際操作中你會如何選擇呢？

---

(1)　在本章中 $O(w)$ 特別用於表示詞 w 在語料中出現的出現率（occurrence），請勿與其他表示混淆。

(2)　在機器學習中，一般假設需要最小化損失函數，只需把目標函數取負號，即可得到需要最小化的損失函數。

第 8 章

馬可夫決策過程與強化學習

引言

　　馬可夫決策過程與強化學習在人工智慧領域發揮極為重要的作用，特別是對複雜系統的控制與優化。其具體的應用包括機器人、自動駕駛汽車、電腦遊戲、推薦系統、金融交易、計算與通訊系統的優化以及交通調度等。Google 在 AlphaGo 系統之後，於 2017 年推出了基於強化學習的 AlphaGo Zero，其在與 AlphaGo 的博奕中取得了 100：0 的戰績。在 2018 年，Google 進一步推出了基於強化學習的 AlphaZero，並將其應用至西洋棋、日本將棋與圍棋比賽，分別擊敗了各自領域當時最強的程式（見圖 8.1）。這向人們展示了強化學習的巨大潛力。

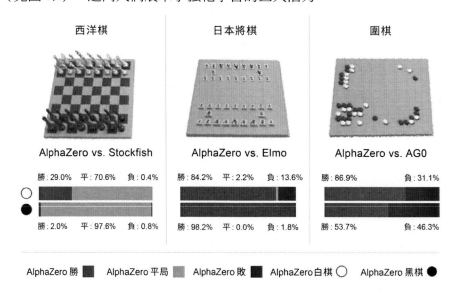

圖 8.1　2018 年 AlphaZero 在西洋棋、日本將棋與圍棋中分別擊敗當時最強的程式

　　馬可夫決策過程與強化學習為 AlphaZero 提供了一個系統的學習機制，使其能根據過往的對弈訊息，對棋局進行學習，根據棋面預判局面的走勢，並計算最佳的落子位置。那麼，馬可夫決策過程與強化學習如

何將紛繁複雜的棋局訊息轉換成落子的決策？或者更普遍的，它們如何高效地為複雜系統的不同狀態計算最優的控制策略？要完整地回答這個問題，需要對馬可夫決策過程及具體的應用場景有深入的了解。

在本章中，將介紹馬可夫決策過程與強化學習的基本原理。首先介紹馬可夫鏈，包括它的定義以及重要的數學性質，這是學習馬可夫決策過程與強化學習的基礎；接下來，將學習馬可夫決策過程及其求解算法；最後，介紹強化學習算法以及深度強化學習。在每一節裡，均基於簡單的例子進行介紹，並講述核心原理，然後給出嚴格的數學定義及普遍適用的理論。我們希望讀者們透過本章的學習，能夠了解馬可夫決策過程與強化學習的核心基礎和原理。注意，實際的強化學習與深度強化學習系統均基於同樣的基礎理論，但它們的算法與具體實現還需要大量工程上的優化與經驗（如 AlphaZero 等）。本書對此不作進一步的介紹，感興趣的讀者可以參考本章的參考文獻進行學習。

8.1 馬可夫鏈

馬可夫鏈（Markov chain）是一個應用非常廣泛的數學模型，它被廣泛應用於多個領域，包括統計、機器學習、網路科學、訊號處理等。馬可夫鏈的最大特徵是馬可夫性質，即給定當前的狀態，未來的狀態與過去的狀態無關。以下，來看一個簡單的例子。

8.1.1 例子

假設你希望對所在城市的下雨頻率做統計，於是採用了圖 8.2 中的簡單模型來描述天氣變化。在這個模型中，每天的天氣有 2 種可能，「下雨」或「不下雨」，左邊的狀態表示「下雨」，右邊的狀態表示「不下

雨」。每一個箭頭表示從一個狀態轉換到另一個狀態，相應的數字表示該轉換發生的機率。

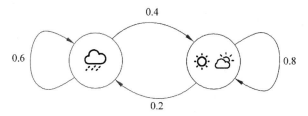

圖 8.2　用以表示天氣狀態變化的 2 狀態馬可夫鏈

透過一段時間的仔細觀察，你發現，如果某天下雨，那麼第 2 天下雨的可能性是 60%，不下雨的可能性是 40%；而如果某天不下雨，那第 2 天不下雨的可能性是 80%，下雨的可能性是 20%。用機率的語言描述，有

$$P（明天下雨 | 今天下雨）= 0.6$$

$$P（明天不下雨 | 今天下雨）= 0.4$$

這裡，符號「$A | B$」表示「{ 給定事件 B，事件 A 發生 }」。因此「P（明天下雨 | 今天下雨）」表示給定今天下雨，明天也下雨的機率。同理，給定今天不下雨，有

$$P（明天下雨 | 今天不下雨）= 0.2$$

$$P（明天不下雨 | 今天不下雨）= 0.8$$

不僅如此，你還觀察到第 2 天是否下雨只與今天的天氣有關，即

$$P（明天下雨 | 今天下雨、昨天不下雨、前天下雨，…）$$
$$= P（明天下雨 | 今天下雨）$$
$$= 0.6$$

這個性質即馬可夫性質，它在數學上非常便利，但同時也不失一般性[1]。

在這個例子裡，所有可能狀態的集合、狀態間的轉移機率，及馬可夫性質，構成了圖 8.2 中馬可夫鏈的全部描述。

8.1.2 馬可夫鏈定義

以下，給出馬可夫鏈的嚴格定義 [2]。

定義［馬可夫鏈］：考慮離散的時間序列 $t = 0，1，2，\cdots$。一個離散時間馬可夫鏈由以下兩個部分組成：

- **系統狀態**：$S = \{1，2，\cdots，N\}$ 表示整個狀態空間，即所有可能狀態的合集，其中 N 為狀態個數；$s(t) \in S$ 表示在 t 時刻系統所處的狀態；

- **轉移機率**：P_{ij} 表示從狀態 i 跳轉到狀態 j 的機率，即 $P_{ij} = Pr\{s(t+1) = j \mid s(t) = i，s(t-1) = k，\cdots\} = Pr\{s(t+1) = j \mid s(t) = i\}$。透過矩陣形式，整體的轉移機率可以方便地記為。

$$\boldsymbol{P} = \begin{bmatrix} P_{11} & \cdots & P_{1N} \\ P_{21} & \vdots & \vdots \\ \cdots & \cdots & P_{NN} \end{bmatrix}$$

回到天氣的例子，我們可以得到 S = { 下雨，不下雨 }。透過採用狀態「1」表示「下雨」，狀態「2」表示「不下雨」，圖 8.2 中馬可夫鏈的轉移機率矩陣可以記為

$$\boldsymbol{P} = \begin{bmatrix} P_{11} & P_{12} \\ P_{21} & P_{22} \end{bmatrix} = \begin{bmatrix} 0.6 & 0.4 \\ 0.2 & 0.8 \end{bmatrix}$$

馬可夫鏈中狀態的定義非常重要。整體來說，系統狀態需要能夠包含所有用以準確刻劃後續演化的系統訊息。舉個例子，如果要描述一個小球的飛行軌跡，需要其在任何一個時刻所處的位置、速度與加速度等

訊息。缺少其中任何一樣，都無法完整地描述其後續的軌跡。

另一方面，馬可夫性質是馬可夫鏈最重要的性質。它意味著系統在跳轉到一個新的狀態之後「重啟」了。因此，每次馬可夫鏈進入到同一個狀態，都可以認為系統後續的演化遵循同樣的規律（分布）（見圖 8.3）。在天氣的例子裡，這意味著從每一個下雨天開始，後續的天氣演化過程從統計上來說是一樣的。

由圖 8.3 和馬可夫性質可知，從某個狀態 i 開始的系統演化，與系統重新進入狀態 i 之後的系統演化，服從一樣的分布，可視為系統「重啟」了。

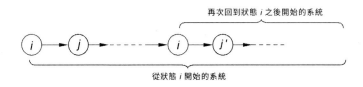

圖 8.3　馬可夫性質的表示

馬可夫性質非常有用，它允許人們對馬可夫鏈的許多有趣指標進行分析（見課後練習題），它也是馬可夫決策過程的重要基礎。

8.2　馬可夫決策過程

在學習了馬可夫鏈的定義之後，我們在本節中學習馬可夫決策過程及其求解方法。為了便於介紹，下面透過一個簡單的路線規劃例子，來說明馬可夫決策過程的定義及其策略優化。

8.2.1　確定性路線規劃

探究圖 8.4（a）所示的一個確定性路線規劃的例子。在這個例子中，

有一個6節點的圖。在任何一個節點都可以選擇移動到相鄰的節點（雙向箭頭表示兩個方向均可移動）。我們的目標是找到一個移動的策略，從左下角的起點 —— 節點1（灰色）出發，盡快走到終點 —— 節點5（橙色）。

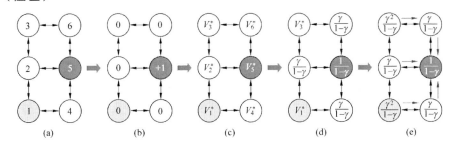

圖 8.4　確定性路線規劃例子

（a）起點和終點示意圖；（b）節點的獎勵值；（c）節點的最優總獎勵值；
（d）終點與相鄰節點的最優總獎勵值；（e）所有節點的最優總獎勵值

　　這個任務對我們來說非常容易。但對機器與算法則不同，它們得到的輸入僅僅是事先規範好的數據，而不是對圖的理解。因此，如果希望它們和我們一樣高效準確地得到最佳方案，需要事先制定好規則，使算法能自行將最優移動路線學習出來。

　　為了完成這個目標，以下用馬可夫決策過程的數學範式來對問題進行描述，並完成推導。對於這個簡單的例子，大家或許會覺得我們的描述稍顯複雜。不過後面大家會看到，這個範式具有很強的普適性，應用非常廣泛。細心的讀者會發現，這個簡單例子也屬於第1章介紹的搜尋範疇，不過馬可夫決策過程的解決方法與搜尋不同。後面會將這個例子擴展至帶隨機性的場景，屆時大家便能看出馬可夫決策過程與搜尋的差別。

首先，假設時間 $t = 0，1，2，\cdots$，且 $t = 0$ 時，我們在節點 1。然後，假定走到節點 5 之後，後續的每一步都是回到節點 5，即一直停留在終點。

接下來，為每個節點賦予一個獎勵（reward），表示從該節點出發將會得到的嘉獎。我們規定從節點 5 出發的獎勵為「＋1」，而從其他任何節點出發的獎勵均為「0」。我們用 r_i 表示節點 i 的獎勵。同時，規定每過一步，後續的獎勵值會以係數 $0 < \gamma < 1$ 衰減，即在 t 時刻得到的獎勵為 $\gamma^t r(t)$。這裡 $r(t) = r_{i(t)}$，其中 $i(t)$ 為 t 時刻所在的節點，γ 稱為折扣係數（discounting factor）。引入折扣係數有兩個主要的原因：第一，折扣係數在許多領域被廣泛用以刻劃用戶對未來收益延遲性的期望，γ 的大小反映了用戶在短期收益與長期回報間的一個取捨（γ 越小，說明用戶越注重短期回報，而 γ 越接近 1，說明用戶越注重長期回報）；第 2，引入 γ 使得馬可夫決策過程的數學推導與分析，在不失一般性的情況下，更為便利 [3]。

現在，我們來看可行的移動策略 π。具體來說，這個例子的策略均可表示為一系列走過的節點序列。比如一個策略是先移動到節點 4，然後移動到節點 5。那麼它對應的節點序列為 $\{1，4，5，5，5，\cdots\}$；又比如另一個策略是一直向上，然後再一直向下，那麼它對應的節點序列為 $\{1，2，3，2，1，2，3，\cdots\}$。當然，策略也可以是隨機的，比如每一步均移動到隨機選擇的一個鄰居節點。這時，由於隨機性的存在，這個策略包含許多可能節點的序列，比如 $\{1，2，3，6，3，\cdots\}$，$\{1，4，1，2，5，5，5，\cdots\}$ 等。

現在，定義 V_i^π 為從節點 i 出發，按照一個給定策略 π 移動，所能得到總獎勵的期望，即

$$V_i^\pi = \mathbb{E}\left\{ \sum_{t=0}^{\infty} \gamma^t r^\pi(t) \mid s(0) = i, \pi \right\}$$

這裡$\mathbb{E}\{\}$，表示期望，$r^\pi(t)$表示在策略π下，t時刻得到的收益（在這個例子中，即第t時刻所在的節點的獎勵）。這裡採用期望是考慮到策略可能是隨機的。

接下來，定義$V_i^* = \max_\pi V_i^\pi$，表示從節點i出發，能得到的最大獎勵值的期望。最後，將目標設置為最大化$V_1^* = \max_\pi V_1^\pi$。可以看到，最大化V_1^*等同於尋找最快走到終點的移動策略。

這個例子的一個重要性質，是當移動到一個節點之後，後續的移動動作與之前訪問過的節點之間，是相互獨立的，也即它滿足8.1節介紹的馬可夫性質。

至此，我們完成了用馬可夫決策過程的範式，對路線規劃問題的描述。如前所述，對於這個簡單例子而言，這個描述稍顯累贅。但在這個簡單的問題上說明這個普適的範式，有利於後面大家更能理解馬可夫決策過程的理論框架。

下面，我們對上述問題進行求解。整體來說，求解馬可夫決策過程的核心思想為貝爾曼（Bellman）方程，即

最優的總獎勵＝最優的 { 當前獎勵＋最優後續總獎勵 }

貝爾曼方程非常直觀，其嚴格數學定義見8.3節。它告訴我們，如果希望優化總獎勵，需要同時考慮當前動作的獎勵（短期），以及在該動作影響下，後續可能獲得的總獎勵（長期）。馬可夫性質告訴我們，從任何一個狀態j出發的「最優後續總獎勵」，與直接從該狀態出發的「最優總獎勵」是一樣的。這是因為再次到達狀態j之後，如果希望獲得

287

最優的後續總獎勵，那麼系統應該按照從狀態 j 出發獲得最優總獎勵的策略進行移動。這一點非常重要，它允許我們採用遞歸的方式對問題進行分析與求解。

以下先從終點節點 5 開始進行推導。很顯然 $V_5^* = \dfrac{1}{1-\gamma}$ ，這是因為從終點節點 5 出發，我們將一直停留在終點，且相應的總獎勵值為

$$V_5^* = 1 + \gamma + \gamma^2 + \gamma^3 + \cdots = \sum_{t=0}^{\infty} \gamma^t = \frac{1}{1-\gamma}$$

我們也容易根據定義觀察到，對所有的其他節點，$i \neq 5$，有 $V_5^* \geqslant V_i^*$ 。

接下來，計算終點附近節點的 V_i^* 值。例如對節點 6，可行的移動動作有兩個，一個是移動到節點 5，另一個是移動到節點 3。透過貝爾曼方程，有：

$$V_6^* = r_6 + \max\{\gamma V_5^* , \gamma V_3^* \} = \gamma V_5^*$$

其中，第 1 項 r_6 是當前移動動作的獎勵，第 2 項是 $\max\{\gamma V_5^* , \gamma V_3^*\}$ 移動到鄰居節點 5 或節點 3 之後能獲得的總獎勵值（折扣值），其中 $\max\{x , y\}$ 表示在 x , y 中取最大的值。第 2 個等式成立，是因為根據定義有 $r_6 = 0$，以及 $V_5^* \geqslant V_3^*$ 。由此，可以得到 $V_6^* = \dfrac{\gamma}{1-\gamma}$ ；且從節點 6 出發，最優的走法是直接移動到節點 5。

同理，對節點 2 和節點 4，有以下的公式：

$$V_2^* = r_2 + \max\{\gamma V_5^* , \gamma V_3^* , \gamma V_1^* \} = \gamma V_5^*$$

$$V_4^* = r_4 + \max\{\gamma V_5^* , \gamma V_1^* \} = \gamma V_5^*$$

這裡 V_2^* 公式中，max 運算符裡的 3 項，分別對應移動到節點 5（γV_5^* 項）、移動到節點 3（γV_3^* 項）與移動到節點 1（γV_1^* 項）。類似的，V_4^* 公

式中 max 運算符裡的 2 項，分別對應移動到節點 5（γV_5^*項）與移動到節點 1（γV_1^*項）。我們由此得到 $V_2^* = \dfrac{\gamma}{1-\gamma}$，，$V_4^* = \dfrac{\gamma}{1-\gamma}$，以及相應的最優走法均為直接移動到節點 5。

同理，可以得到

$$V_3^* = r_3 + \max\{\gamma V_6^*, \gamma V_2^*\} = \gamma V_6^* = \gamma V_2^*$$
$$V_1^* = r_1 + \max\{\gamma V_2^*, \gamma V_4^*\} = \gamma V_4^* = \gamma V_2^*$$

並推出，$V_3^* = \dfrac{\gamma^2}{1-\gamma}, V_1^* = \dfrac{\gamma^2}{1-\gamma}$。這裡兩個公式中，後兩個等號是因為 $\gamma V_6^* = \gamma V_2^* = \gamma V_4^*$。

至此，我們得到對所有節點最大獎勵的刻劃（及相應的動作）。這個過程也相應地在圖 8.4 中展示出來。從圖 8.4（e）可以看出，需要的最少步數為 2，且可以透過以下兩個走法達到：$1 \to 2 \to 5$ 和 $1 \to 4 \to 5$。

透過這個簡單的例子，可以看到如何透過貝爾曼方程求解V_i^*。更重要的是，注意到V_i^*扮演了至關重要的角色：它不僅刻劃了從不同節點出發所能得到的最大總獎勵值（與最小需要步數），同時還決定了在不同節點下的最優移動策略，即獲得最大化獎勵的動作。因此，學到所有的 V_i^*值，也就學到了系統的最優控制策略。在馬可夫決策過程中，V_i^*被稱為價值函數（value function），它是求解馬可夫決策過程的關鍵。事實上，在 AlphaZero 系統中，價值函數便被用於刻劃不同棋盤局面的形勢（見圖 8.5），並用於計算落子策略。

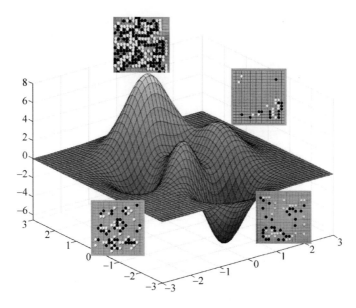

圖 8.5　圍棋中的價值函數可刻劃不同局面的形勢

8.2.2　不確定性路線規劃

上述路線規劃的例子，展示了在一個確定性系統中，馬可夫決策過程如何工作。以下，將這個例子擴展至一個帶不確定性的場景。透過這個擴展，可以看到搜尋與馬可夫決策過程的核心差異。這個擴展會讓價值函數的計算變得不那麼顯然，不過這將有助於後續介紹馬可夫決策過程的普適範式。

在這個擴展中，假設從節點 1 和節點 2 向右移動的時候，成功的機率為 $0 < p < 1$，即每次向右移動，均獨立地只以 p 的機率成功。如果移動不成功的話，則仍停留在原來的節點。我們看看此時的最大獎勵值及價值函數會發生怎樣的變化。

首先可以看到 $V_5^* = \dfrac{1}{1-\gamma}$ 保持不變，且仍然有 $V_6^* = \dfrac{\gamma}{1-\gamma}$ 與

$V_4^* = \dfrac{\gamma}{1-\gamma}$，這是由於從它們跳轉到節點 5 的動作並不受影響。同時，由於

$$V_3^* = r_3 + \max\{\gamma V_6^* , \gamma V_2^* \} = \gamma V_6^*$$

可以得到 $V_3^* = \dfrac{\gamma^2}{1-\gamma}$。這裡第 2 個等式是因為從節點 3 出發，至少需要 2 步才能走到終點，而所有 2 步到達策略的最大獎勵為 $\dfrac{\gamma^2}{1-\gamma}$（經由 $3 \rightarrow 6 \rightarrow 5$ 僅需 2 步）。

如此一來，僅需求解剩下的 V_1^* 與 V_2^* 2 項。根據貝爾曼方程，有

$$V_2^* = r_2 + \max\{p\gamma V_5^* + (1-p)\gamma V_2^* , \gamma V_3^* , \gamma V_1^* \} \qquad (8.1)$$

$$V_1^* = r_1 + \max\{\gamma V_2^* , p\gamma V_4^* + (1-p)\gamma V_1^* \} \qquad (8.2)$$

這時，注意到 V_2^* 和 V_1^* 中，向右移動的選項變得很複雜。具體來說，在節點 2 時，如果選擇向右移動，會出現 2 種可能的結果：①以 p 的機率該動作成功，則後續的最大獎勵值為 γV_5^*；②以 $1-p$ 的機率該移動不成功，則仍停留在節點 2，且後續的最大獎勵值為 γV_2^*（由馬可夫性質決定）。這 2 種可能性，構成了式（8.1）中 max 算子裡的第一項。後面 2 項 γV_1^*，γV_3^* 分別對應了向上移動與向下移動的點獎勵。同理可得到 V_1^* 的式（8.2）。

在這個例子裡，V_2^* 和 V_1^* 的計算不像原來這麼直觀。這其實並不意外，因為哪一個移動動作更好，是取決於右轉的成功機率。此時，無法直接推導出 V_2^* 和 V_1^* 的理論表達式。這種情況在馬可夫決策過程與強化學習中非常常見。在這種情況下，可以採用數值求解的方法，即透過特定

的算法,對價值函數的數值進行計算。由於價值函數的計算問題往往非常複雜,絕大部分已有的算法都需要進行疊代,即透過重複計算步驟,對目標變量進行反覆更新,直至它們的值收斂。

對上面的具體例子,可透過以下的疊代算法進行求解。

算法 13:疊代算法

1: 設 t=0,1,2,…;

2: 給定 V_3^*,V_4^*,V_5^*,V_6^*,從 $V_2^{(0)} = 0 V_1^{(0)} = 0$ 的初始值開始;

3: 給定 $V_2^{(t-1)}$ 和 $V_1^{(t-1)}$,透過式(8.1)和式(8.2)對 $V_2^{(t)}$ 和 $V_1^{(t)}$ 的值進行迭代直到收斂。

上述算法非常簡單和直觀,而且十分有效(在練習題中會要求對其進行 Python 實現)。圖 8.6 是當 $p = 0.6$ 與 $\gamma = 0.8$ 時,算法疊代過程中的和的值,它們很快便收斂到準確的值。與第一個例子相同,此時的值同時決定了從節點 i 出發的最大獎勵以及最優動作。在這個例子中,節點 1 和節點 2 的最優移動動作均為向右移動。

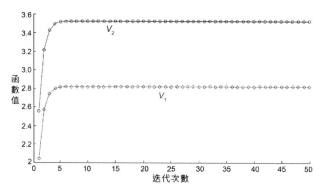

圖 8.6　$V_2^{(t)}$ 和 $V_1^{(t)}$ 的收斂 ($p = 0.6$,$\gamma = 0.8$)

透過上述兩個路線規劃的例子,我們希望讓大家對馬可夫決策過程的定義與求解有具體的了解。注意到,在前面的例子中,系統的狀態自

然的等同於所處的節點位置。但實際上，只要一個系統滿足馬可夫性質，即當前系統狀態足以完全決定未來的系統演化，均可以用馬可夫決策過程對系統進行建模（從理論上來說，所有的馬可夫系統均能用馬可夫決策過程進行優化）。

以圖 8.7 中的小精靈（Pac-man）遊戲為例，如果希望用馬可夫決策過程來描述小精靈遊戲，可將狀態定義為地圖的格局、當前精靈和鬼魂的位置，鬼魂移動的方向以及豆子的分布。當然，由於這些變量的可能取值非常多，系統的狀態空間會特別龐大。如此一來，求解相應的馬可夫決策過程，具有很高的計算複雜度。

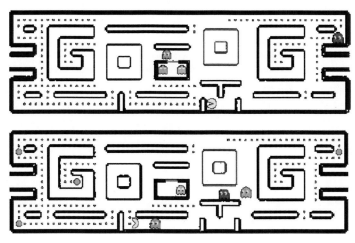

圖 8.7　小精靈（Pac-man）遊戲

在介紹完具體例子之後，現在給出普適的馬可夫決策過程的嚴格定義。

定義［馬可夫決策過程］：考慮離散的時間序列，$t = 0，1，2，\cdots$。一個離散時間馬可夫決策過程，由以下部分組成：

・**系統狀態**：$S = \{1，2，\cdots，N\}$ 表示整個系統的狀態空間，即所有

可能狀態的合集；$s(t) \in S$ 表示在 t 時刻系統所處的狀態；

- **控制動作**：在狀態 $s(t) = i$，$i \in S$ 下，系統的動作集合用 $A(i)$ 表示；每個時刻 t，系統會從中選擇一個動作 $a(t) = a$，$a \in A(i)$；

- **轉移機率**：在狀態 i 和動作 a 下，系統以機率 $P_{ij}(a)$ 從狀態 i 跳轉到狀態 j，即 $P_{ij}(a) = \Pr\{s(t+1) = j \mid s(t) = i, a(t) = a\}$，透過用策略 π 來表示系統的控制選擇策略，即以 $\pi(i, a) = \Pr\{a(t) = a \mid s(t) = i\}$ 表示在狀態 i 下，選擇控制動作 a 的機率，可以便利地將整體的轉移機率記為：$P(\pi) = \begin{bmatrix} P_{11}(\pi) & \cdots & P_{1N}(\pi) \\ \cdots & \cdots & \cdots \\ \cdots & \cdots & P_{NN}(\pi) \end{bmatrix}$，這裡；$P_{ij}(\pi) = \sum_a \pi(i, a) P_{ij}(a)$

- **獎勵函數**：在狀態 $s(t)$ 與動作 $a(t)$ 下，系統獲得一個獎勵 $r(s(t), a(t))$；

- **折扣係數**：$0 < \gamma < 1$ 表示系統對下一時刻獎勵延遲性的期望值。

- **在馬可夫決策過程中，系統的目標是選擇一個控制策略 π^*，最大化下述折扣獎勵：**

$$J^* = \max_\pi \mathbb{E}\left\{\sum_{t=0}^{\infty} \gamma^t r(s(t), a(t)) \mid s(0), \pi\right\}$$

回顧前面介紹的帶不確定性的路線規劃例子，有

- **系統狀態 S**：所有節點的集合 $\{1, 2, 3, 4, 5, 6\}$；

- **控制動作**：在每個節點允許的移動方向；

- **轉移機率**：節點 1 和節點 2 執行向右移動的動作時，轉移到節點 4 和節點 5 的機率為 p，留在當前節點的機率為 $1 - p$；其他節點動

作的成功率均為 1；

- **獎勵函數**：節點動作帶來的獎勵，節點 5 的動作為＋1，其他節點的動作獎勵均為 0；

- 折扣係數為 γ。

- **下面介紹兩個重要的求解馬可夫決策過程的方法**：值疊代（value iteration）與策略選代（policy iteration）。

算法 14：值疊代

1. 初始化： 系統首先初始化所有狀態下的值函式 $V_i^{(0)}$。
2. 步驟： 透過貝爾曼方程進行迭代直到所有的值函式收斂,即

$$V_i^{(k+1)} = \max_a \left\{ r(i,a) + \gamma \sum_j P_{ij}(a) V_j^{(k)} \right\}$$

其中 $r(i,a)$ 為狀態 i 下採用動作 a 的獎勵值, $P_{ij}(a)$ 為跳轉至狀態 j 的機率。

細心的讀者會注意到 8.2 節的例子中，提出的算法其實就是值疊代算法。值疊代的關注點為價值函數。透過計算出價值函數，便能相應得到不同狀態下的最優控制動作：在狀態 s 下，最優的動作為 $a \in \operatorname*{argmax}_a \left\{ r(s,a) + \gamma \sum_j P_{ij}(a) V_j^{(k)} \right\}$，這裡 argmax 算子表示取得最大值的動作 a 的集合。

策略選代與值疊代不同，它直接對控制策略進行優化。算法的具體步驟如下。

算法 15：策略選代

1. 初始化： 初始化控制策略 $\pi^{(0)}$。
2. 步驟： 進行如下迭代直到收斂:
在第 k 次迭代中, 首先透過計算或模擬得到策略 $\pi^{(k)}$ 下的值函式 $V_i^{(k)}$,

$i=1, 2, \cdots, S$。

然後，透過以下迭代得到新策略 $\pi^{(k+1)}$：在每個狀態 i 下，選擇

$$a \in \operatorname*{argmax}_{a}\left\{r(s,a) + \gamma \sum_j P_{ij}(a)V_j^{(k)}\right\}$$

3. 重複第2步直到策略 $\pi^{(k)}$ 收斂。

可以嚴格證明，值疊代算法與策略選代算法都能最終收斂到最優的價值函數與策略；且每次疊代之後，價值函數都距離最優點更近。由於兩個方法都需要轉移機率矩陣 P（π）的訊息（在貝爾曼方程中的 $\sum_j P_{ij}(a)V_j^{(k)}$ 項），因此它們也被稱為模型基底（model-based）的方法。

雖然在前面介紹中，採用了兩個有限時間的路線規劃例子，但透過價值函數的定義以及兩個算法的描述，可以看到馬可夫決策過程的範式及算法能應用到無限時間的馬可夫系統（見練習題）。下面是一個簡單的無限時間馬可夫決策過程，如圖 8.8 所示。

在這個例子裡，有兩個狀態 s_1 與 s_2。在每個狀態下，有兩個動作 a_1 與 a_2，並且有

$$r\ (s_1 \text{，} a_1) = 1 \text{，} r\ (s_1 \text{，} a_2) = 1.1$$
$$r\ (s_2 \text{，} a_1) = 0.1 \text{，} r\ (s_2 \text{，} a_2) = 0.11$$

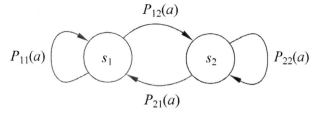

圖 8.8　一個無限時間馬可夫決策過程

$$P_{11}(a_1) = 0.9 \text{,} P_{12}(a_1) = 0.1 \text{,} P_{11}(a_2) = 0.1 \text{,} P_{12}(a_2) = 0.9$$

$$P_{21}(a_1) = 0.9 \text{,} P_{22}(a_1) = 0.1 \text{,} P_{21}(a_2) = 0.1 \text{,} P_{22}(a_2) = 0.9$$

同時,假設 $\gamma = 0.9$。注意到,在兩個狀態中,動作 a_1 的獎勵值均沒有 a_2 高,但是它均使得系統以更高的機率回到狀態 s_1。直覺告訴我們,在兩個狀態下應該都選取動作 a_1。儘管這麼做,短期的獎勵稍低,但是系統會更常處在狀態 s_1,因而保持一個較高的長期獎勵制。我們可以具體列出貝爾曼方程如下:

$$V_1^* = \max \{1 + \gamma[0.9V_1^* + 0.1V_2^*], 1.1 + \gamma[0.1V_1^* + 0.9V_2^*]\}$$

其中第 1 項對應採用動作 a_1,第 2 項對應採用動作 a_2。同理

$$V_2^* = \max \{0.1 + \gamma[0.9V_1^* + 0.1V_2^*], 0.11 + \gamma[0.1V_1^* + 0.9V_2^*]\}$$

我們可以採用值疊代的方法求解上面的方程。不過,在這個例子中,可以根據上面的直觀理解,直接進行求解。具體來說,不妨假設

$$V_1^* = 1 + \gamma[0.9V_1^* + 0.1V_2^*] = 1 + 0.81V_1^* + 0.09V_2^*$$

$$V_2^* = 0.1 + \gamma[0.9V_1^* + 0.1V_2^*] = 0.1 + 0.81V_1^* + 0.09V_2^*$$

也即在兩個狀態下,我們都認為最優的動作為 a_1。於是,可以計算出 $V_1^* = 9.19, V_2^* = 8.29$,。此時,可以驗證貝爾曼方程中,選擇動作 a_2 對應的值為

$$1.1 + \gamma[0.1V_1^* + 0.9V_2^*] = 8.642 < 1 + \gamma[0.9V_1^* + 0.1V_2^*] = 9.19$$

$$0.11 + \gamma[0.1V_1^* + 0.9V_2^*] = 7.652 < 0.1 + \gamma[0.9V_1^* + 0.1V_2^*] = 8.29$$

這說明我們的假設成立。讀者們可以透過 Python 程式設計驗證上述的結果。

儘管馬可夫決策過程可用以描述非常複雜的環境,但在計算最優的控制策略時,仍需為所有可能的狀態計算相應的價值函數。對於狀態空

間很大的複雜系統（如圍棋和星際爭霸等）而言，這意味著巨大的計算負擔。這被稱為「維度災難」（curse of dimensionality，維度的詛咒），是馬可夫決策過程在應用中經常遇到的困難。如何解決這個問題，一直以來都是馬可夫決策過程研究中的一個熱門話題，科學家們也提出許多不同的解決方案。在下一節，將會介紹其中一種有效的解決方法 —— 透過結合神經網路解決維度災難。

8.3　強化學習

在 8.2 節介紹了馬可夫決策過程和價值函數，以及值疊代與策略選代兩個算法。這讓我們對於馬可夫決策過程的定義與求解有了更好的理解。不過，上一節的模型與算法，均默認在不同控制策略下的系統轉移機率（所有的 $P_{ij}(a)$ 值）已知。這一假設為算法設計與分析提供了重要的數學基礎與便利。然而，現實中往往面臨未知的場景，因此轉移機率通常難以提前獲得。

本節將針對系統環境（轉移機率）未知的場景，介紹馬可夫決策過程一個重要的求解方法 —— 強化學習（reinforcement learning）。整體來說，強化學習關注的是一個智慧主體如何在未知環境下，透過不斷地與環境進行交互，學習不同動作對系統狀態的影響及相應的獎勵值，最終學到最佳的系統控制策略（見圖 8.9）。

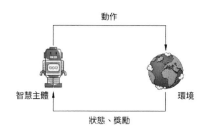

動作

智慧主體　　　　　　　　環境

狀態、獎勵

圖 8.9　強化學習：智慧主體透過不斷地與環境進行交互學習最優控制策略

8.3.1　*Q*-learning

具體來說，考慮 8.2 節定義的馬可夫決策過程，並假設其中狀態 s (t)、動作 a (t) 以及實時的獎勵 r $(s$ (t)，a $(t))$ 均可觀察，但轉移機率 P (π) 未知；並且需要透過在每個時刻選擇一個動作與系統互動，來學習系統的狀態跳轉與獎勵值（見圖 8.8）。這一場景比 8.2 節考慮的情況更為普遍，但也更具挑戰性。幸運的是，科學家們對這個問題進行了深入的研究，並提出許多有效的解決方案。下面介紹一個應用廣泛的強化學習算法 *Q*-learning。

在介紹 *Q*-learning 的具體算法之前，先了解一下它的原理。首先，回顧一下價值函數需要滿足的貝爾曼方程：

$$V_i^* = \max_a \left\{ r(i,a) + \gamma \sum_j P_{ij}(a) V_j^* \right\} \tag{8.3}$$

其中 V_i^* 為狀態 i 的價值函數。此時，引入一個中間變量 Q (i, a)，其具體定義如下：

$$Q(i,a) \triangleq r(i,a) + \gamma \sum_j P_{ij}(a) V_j^* \tag{8.4}$$

將 Q (i, a) 稱為 Q 值，它表示在狀態 i 下採用控制動作 a，後續能獲得期望總獎勵的最大值。注意到 Q (i, a) 與價值函數 V_i^* 的差異，在於它指定了選用的動作 a。

現在，透過結合貝爾曼方程 (8.3) 和 Q 值的定義 (8.4)，得到

$$V_i^* = \max_a \{Q(i,a)\} = \max_a \left\{ r(i,a) + \gamma \sum_j P_{ij}(a) V_j^* \right\} \tag{8.5}$$

以及

$$Q(i,a) = r(i,a) + \gamma \sum_j P_{ij}(a) \max_{a'} \{Q(j,a')\} \tag{8.6}$$

從上面式子可知，價值函數與 Q 值的作用是一樣的：只要得到所有的 $Q(i,a)$，就能相應地確定所有價值函數 V_i^*。

這裡可以簡單回顧圖 8.8 中的例子。根據前面的計算，在該例子中，有

$Q(s_1, a_1) = 9.19$，$Q(s_1, a_2) = 8.642$，$Q(s_2, a_1) = 8.29$，$Q(s_2, a_2) = 7.652$

不難看到，Q 值與價值函數發揮著同樣的作用。

這裡大家可能會問，既然它們的作用相同，為什麼還要引入 Q 值這個概念呢？主要的原因是透過 V_i^* 尋找最優策略的做法，需要轉移機率矩陣 $P(\pi)$ 的訊息（即貝爾曼方程中的 $\sum_j P_{ij}(a) V_j^*$ 項）；而透過計算 Q 值，可以直接獲得每個狀態下的最優動作（即取得 $Q(i,a)$ 最大值的動作）！因此也稱 Q 值為狀態 —— 動作價值函數。

下面介紹 Q-learning 的具體算法：

算法 16：Q-learning

1. 初始化：隨機初始化不同的 Q 值 $Q(i, a)$、演算法的學習率 $\eta(t)$ 以及初始狀態 $s(0)$。

2. 步驟：進行如下迭代直到收斂：

在時刻 t，選擇動作 $a^* \in \underset{a}{\mathrm{argmax}}\, Q(s(t), a)$，獲得獎勵 $r(s(t), a^*)$，並跳轉至 $s(t+1)$；

更新

$$Q(s(t), a(t)) \leftarrow Q(s(t), a(t)) + \eta(t)\{r(t) + \gamma \max_a Q(s(t+1), a) - Q(s(t), a(t))\}$$

在疊代中，學習率 $\eta(t)$ 決定了在學習 Q 值時賦予當前的 $Q(s(t)$，$a(t))$ 值多少權重，在計算中它的值通常比較小，$r(t) = r(s(t)$，$a^*)$。相比值疊代與策略選代，Q-learning 的優勢在於它完全不需要轉移機率矩陣 $P(\pi)$ 的訊息。這一點在複雜環境中非常有用。

Q 值的更新公式其實很直觀。事實上，透過在式（8.6）中，將 $r(i，a)$ 也寫到求和裡，可以得到

$$Q(i,a) = r(i,a) + \gamma \sum_j P_{ij}(a) \max_{a'}\{Q(j,a')\}$$
$$= \sum_j P_{ij}(a)\{r(i,a) + \gamma \max_{a'}\{Q(j,a')\}\}$$

這裡利用了 $\sum_j P_{ij}(a) = 1$，且 $r(i，a)$ 與 j 無關兩個性質。如此一來，Q-learning 更新公式中的 $r(t) + \gamma \max_a Q(s(t+1),a)$ 這一項可以視為對 Q 值的隨機採樣（因為 $s(t+1)$ 是依據轉移機率跳轉到的下一個狀態）。同時，注意到更新公式也可以表示為

$$Q(s(t),a(t)) \leftarrow (1 - \eta(t))Q(s(t),a(t)) + \eta(t)\{r(t) + \gamma \max_a Q(s(t+1),a)\}$$

因此，可以直觀地將 Q-learning 理解為對當前估計值 $Q(s(t)$，$a(t))$ 與隨機採樣值 $r(t) + \gamma \max_a Q(s(t+1),a)$ 做一個加權平均。

從數學上可以嚴格證明，只要選取合適的學習率 $\eta(t)$，Q-learning 能收斂到最優的 Q 值。由於在學習中並不依賴 $P(\pi)$ 的訊息，Q-learning 也被稱為無模型化（model-free）的方法。不過，儘管 Q-learning 是無模型化的算法，當系統規模很大時，它與值疊代和策略選代一樣面臨著維度災難的問題。在下一節，將會介紹一種在實際中用於近似價值函數和 Q 值的方法 —— 採用深度神經網路進行近似。

8.3.2　深度強化學習

　　儘管值疊代、策略選代與 Q-learning 都能最終解出最優的價值函數與 Q 值，並得到最佳的控制策略，但由於實際應用中的許多問題狀態——行動空間都非常巨大，直接採用上述算法仍然會面臨計算量過大的問題，導致效果往往不如人意。因此，近年來人們開始探索深度強化學習的方法：將深度神經網路（第 5 章）引入強化學習，以學習或近似價值函數與 Q 值。

　　深度強化學習的核心是透過深度神經網路將價值函數與 Q 值的學習轉化為對神經網路參數的計算，並利用神經網路的表達能力與泛化能力，高效地提取出系統狀態的隱藏特徵，讓同一個網路能夠同時完成對所有狀態控制策略的學習（見圖 8.10）。這個方法可大大降低計算複雜度。當然，這是一種近似的做法，不過它為計算複雜度過高的問題提供了一個高效的解決方案，因此在實際中有著重要的實用價值。事實上 AlphaGo Zero 與 AlphaZero 系統便採用了深度強化學習。

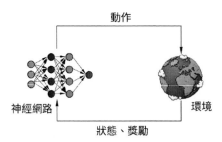

圖 8.10　深度強化學習透過深度神經網路近似系統的價值函數或 Q 值降低計算複雜度

　　如同引言中提到的，儘管從原理上來說，深度強化學習基於馬可夫決策過程的框架，但其性能在很大程度上取決於神經網路的架構及具體系統實現。因此，在不同問題上，我們會看到深度強化學習的解決方案

往往千差萬別。一個好的深度強化學習算法,需要對場景有深入的理解與把握、有完備的數據、高效算法及系統實現,缺一不可。

本章總結

本章介紹了馬可夫決策過程與強化學習。首先介紹了馬可夫鏈的定義,理解它的關鍵在於掌握馬可夫性質。接下來,學習了馬可夫決策過程及兩個重要算法 —— 值疊代與策略選代,掌握它們的關鍵在於理解貝爾曼方程。最後,介紹了強化學習算法 Q-learning,並簡單介紹了深度強化學習的原理,學習它們的關鍵在於理解 Q 值與價值函數之間的關聯、疊代的含義,以及深度神經網路的表達和泛化能力。

歷史回顧

馬可夫鏈有非常悠久的歷史,它因俄國數學家安德烈·馬可夫而得名。它在訊息科學的各個領域,如計算、網路和通訊等,都被廣泛用於系統建模與性能分析。關於馬可夫鏈的詳細內容,可以參考文獻 [1] 與文獻 [2],它們是馬可夫鏈的詳細定義,與數學推導和應用。

馬可夫決策過程是一個非常普適的數學範式,對其嚴格定義與普適理論感興趣的讀者可以閱讀文獻 [3]。最早的工作可以追溯到 1950 年代,Bellman 在 1957 年提出了馬可夫決策過程[4],Howard 在 1960 年提出了策略選代算法[5]。這些結果後來成為強化學習的核心基礎。但早期的馬可夫決策過程工作,主要的目標是隨機最優控制,更多關注動態規劃的範式,而智慧主體與環境互動與學習的部分,並沒有得到特別的關注。可以說,直到 1989 年 Watkins 在馬可夫決策過程框架上探究強化學

習[6] 之後，人們才開始廣泛關注最優控制與在線環境學習的結合。此後，許多科學家也在此方向上做了大量努力。

強化學習不僅在系統控制與優化的範疇得到持續的關注，由於其與環境的交互和選擇與人類行為的相似性，在人工智慧領域也得到了大量的關注。Sutton 與 Barto 在文獻［7］中給出了一個詳細的歷史回顧，並提供了對近年來強化學習發展的詳盡總結，及關於心理學、腦科學的延伸討論，非常值得一讀。Bertsekas 與 Tsitsiklis 在 1996 年便提出神經動態規劃的概念[8]。不過深度強化學習的興起可以說是基於近年來神經網路的巨大發展。其中廣為人知的深度強化學習系統包括 AlphaGo Zero 與 Alp-haZero，它們讓大家意識到強化學習與神經網路這個組合的強大威力。

參考文獻

[1] Ross S. Introduction to Probability Models[M]. 12th ed. Elsevier，2019.

[2] Durrett R. Probability： Theory and Examples[M]. 4th ed. Cambridge University Press，2010.

[3] Bertsekas D P. Dynamic Programming and Optimal Control[M]. Vol Ⅰ & Ⅱ. Athena Scientific，2012.

[4] Bellman R. A Markov decision process[J]. Journal of Mathematical Mechanics，1957，6：679–684.

[5] Howard R. Dynamic Programming and Markov Processes[M]. Cambridge，MA： MIT Press，1960.

[6] Watkins C. Learning from delayed rewards[D]. University of Cambridge，1989.

[7] Sutton R S，Barto A G. Reinforcement Learning： An Introduction[M]. Cambridge，MA： MIT Press，2018.

[8] Bertsekas D，Tsitsiklis J. Neuro-Dynamic Programming[M]. Belmont，MA： Athena Scientific，1996.

練習題

1. 假設投擲一粒公平的骰子，即 {1，2，3，4，5，6} 以同等機率出現。假設每次出現的數字均為獨立。請判斷下面的過程是否為馬可夫過程。如果是，請說明具體狀態及轉移機率。

（1）每次出現的數字組成的序列；

（2）2 次投出數字 3 之間的投擲次數；

（3）2 次投出 1，2，3 這個序列之間的投擲次數。

2. 馬可夫性質允許我們計算許多關於馬可夫鏈的有趣指標。探究下圖所示的馬可夫鏈。假設從每一個狀態出發，都是以均等的機率往外跳轉。比如在 A 狀態的時候，分別以 1/3 的機率走到 B，C 和 D；而在狀態 D 時，則以 1/4 的機率分別走到 A，B，C 和 E。

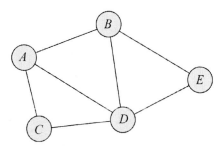

（1）計算從 A 狀態開始，首次跳到狀態 E 所需跳數的期望值。［提示：定義 T_i 為從狀態 i 出發，首次跳到 E 的期望次數。由馬可夫性質可

知，如果系統從 i 跳到了 j，則之後需要的時間期望值為 T_j。根據這個性質列出相應的方程。]

（2）寫一段 Python 代碼仿真該馬可夫鏈的跳轉，並繪出馬可夫鏈在 A 狀態上停留的時間，及比例如何隨時間增大而變化。

3. 拋擲一枚出現正反面機率相等的硬幣，假設每次拋擲的結果都相互獨立。計算①從開始拋擲到第一次連續出現 2 次正面的期望時間，②從開始拋擲到第一次連續出現 3 次正面的期望時間。[提示：定義一個馬可夫鏈，其狀態為連續 2 次或 3 次拋擲的結果。]

4. 探究下圖所示的蛇梯棋。假設每次的步數均透過投擲一枚公平的骰子決定，描述如何計算平均需要走多少次才能從起點 1 走到終點 25。

5. 探究下圖中的 2 狀態馬可夫鏈。

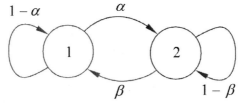

假設初始分布為 $\pi_1(0)$ 和 $\pi_2(0)$。用歸納法證明

$$P\left(s(t)=1\right)=\frac{\beta}{\alpha+\beta}+(1-\alpha-\beta)^{t}\left[\pi_{1}(0)-\frac{\beta}{\alpha+\beta}\right]$$

6. 簡述值疊代算法與策略選代算法的差異。

7. 探究以下這個猜牌遊戲。首先將 52 張撲克牌均勻洗好。然後，每次翻開一張牌之前，你可以選擇喊停。如果你喊停且打開這張牌為 A，那麼你得到 1 塊錢；如果你喊停但打開的牌不是 A，則你輸掉 1 塊錢。請用馬可夫決策過程描述該問題，並用貝爾曼方程進行求解，你是否能算出最優的喊停策略？

8. 在 8.2.2 節中的例子裡，選取 $\gamma = 0.9$，分別用值疊代與策略選代計算價值函數。

9. 探究下圖所示的馬可夫決策過程。智慧主體所在的初始狀態為 s_0；可行的動作有 a_0 和 a_1；採取不同動作的狀態轉移及獎勵為 p/r，其中 p 表示狀態轉移機率，r 表示即時獎勵；狀態 s_1 為終止狀態。

（1）用值疊代算法求解價值函數及最優策略。

（2）用 Q–learning 算法求解最優策略。

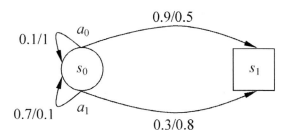

10. 探究下圖所示的路線規劃問題。在這個問題中，給定一個 3×3 的方形區域，劃分成 9 個格子。假設我們希望最快地走到旗杆的格子，

但中間的灰色格子無法通行。透過值疊代算法計算價值函數,並以 Python 實現。〔說明你選擇的獎勵設定與 γ 的取值。〕

11. 考量習題 10 中的問題。描述如何用 Q–learning 計算所有狀態的 Q 值,並用 Python 程式設計實現。

~~~

(1) 如果每天的天氣變化與前幾天的天氣狀態相關,可以定義一個「組合狀態」,然後按照上述方式,對馬可夫鏈進行描述。

(2) 嚴格來說,這是離散時間馬可夫鏈的定義。馬可夫鏈也可以定義在連續時間上,稱為連續時間馬可夫鏈。感興趣的讀者可以閱讀文獻〔1〕,本書中不做介紹。

(3) 科學家們對不帶折扣係數的馬可夫決策過程也有廣泛的研究。感興趣的讀者可以閱讀文獻〔2〕。

附錄 A

數學基礎

A.1　導數

離散導數與差分

　　本書第 0 章中討論的函數 $y = f(x)$ 均默認為連續函數,但實際數據處理中經常遇到離散變量。例如,我們希望知道一杯水的散熱情況,但顯然無法連續地測量它的溫度變化,而只能在不同的時間點對其進行採樣測溫。在這種情況下,我們無法對數據進行直接求導,只能用數值的方法進行間接求導。這裡簡單介紹一種重要的數值微分方法 —— 有限差分法。

　　回顧 0.1.1.2 節中的泰勒展開

$$f(x_0 + \Delta x) = f(x_0) + f'(x_0)\Delta x + \frac{f''(x_0)}{2}\Delta x^2 + \frac{f'''(x_0)}{6}\Delta x^3 + \cdots$$

此時可以得到 $f(x)$ 在 x_0 處的(一階)近似導數為

$$f'(x_0) \approx \frac{f(x_0 + \Delta x) - f(x_0)}{\Delta x}$$

該數值微分的誤差與 Δx^2 是一個數量級的,記為 $O(\Delta x^2)$。若希望得到更高的精度,則可以引入

$$f(x_0 - \Delta x) = f(x_0) - f'(x_0)\Delta x + \frac{f''(x_0)}{2}\Delta x^2 - \frac{f'''(x_0)}{6}\Delta x^3 + \cdots$$

將 $f(x_0 + \Delta x)$ 與 $f(x_0 - \Delta x)$ 2 式相減,可以得到

$$f'(x_0) \approx \frac{f(x_0 + \Delta x) - f(x_0 - \Delta x)}{2\Delta x}$$

可以看到,用有限差分法得到的(二階)近似導數 $f'(x_0)$ 誤差與 Δx^3 是一個數量級的,記為 $O(\Delta x^3)$。

A.2 機率

連續型隨機變量

連續型分布函數的嚴格定義依賴於函數可積性與極限語言。粗略地講,如果分布函數 $F_X(x)$ 是絕對連續的,並且非負可積,那麼 X 為連續的隨機變量。此時機率分布可以寫成上限為變元的積分

$$P(X \leqslant x) = P(-\infty < X \leqslant x) = F_X(x) = \int_{-\infty}^{x} f(y)\mathrm{d}y$$

其中 $f(y)$ 稱為隨機變量的機率密度函數,也記為 $f_X(y)$。分布和密度函數均為非負,且具有歸一化的特性。我們可以自然地將隨機變量和分布函數的概念擴展到高維情形,即隨機變量 $X := (X_1, X_2, \cdots, X_n)$ 和相應的聯合分布函數 $F_X(X_1, X_2, \cdots, X_n)$。同樣地,對於離散型和連續型隨機變量,可以定義聯合分布和聯合機率密度函數。

連續隨機變量的數學期望值定義為

$$E(X) = \int_{-\infty}^{+\infty} x f_X(x)\mathrm{d}x = \int_{-\infty}^{+\infty} x \,\mathrm{d}F_X(x)$$

變異數定義為

$$D(X) = \mathrm{Var}(X) = E(X - E(X))^2 = \int_{-\infty}^{+\infty} (x - E(X))^2 \mathrm{d}F_X(x)$$

邊際分布

給定一組變量的聯合機率分布,若我們只關心其中一個子集的機率分布,可以定義在該子集上的邊際機率分布。具體來說,假設有離散型隨機變量 X 和 Y,且已知 $P(X, Y)$,則可以根據如下求和法則,計算 $P(X)$:對於 $\forall x \in X$,有

$$P(x) = \sum_{y \in Y} P(x, y)$$

同樣的，對於連續性的隨機變量 x，y 與給定的聯合分布函數 $F_{X,Y}$ (x, y)，對其中的某一個或多個變量取正極限值，可以得到相應的邊際分布函數，即

$$F_{X,Y}(x, \infty) := P(X \leqslant x, Y < \infty) = \lim_{y \to \infty} P(X \leqslant x, Y < y)$$

重要分布律

以下是一些常見的隨機變量分布。對於離散型隨機變量，常見的分布有：二項分布、幾何分布和帕松分布。對於連續型隨機變量，常見分布有：指數分布、均勻分布和正態分布。

二項分布 $X \sim B(n, p)$ 是 n 個獨立的是 / 非試驗中，成功次數的離散機率分布，其中每次試驗的成功機率為 p。這樣的單次成功 / 失敗試驗，又稱為白努利試驗。n 次試驗中正好得到 k 次成功的機率為

$$p_k := P(X = k) = C_n^k p^k (1 - p)^{n-k}$$

幾何分布 $X \sim Ge(p)$ 描述實現一次成功實驗需要的次數分布，有

$$p_k := P(X = k) = (1 - p)^{k-1} p$$

如果事件在一段時間內，以一個固定的平均機率發生，那麼這段時間內事件發生的次數遵循的分布，被稱為帕松分布。生活中常見的帕松分布有：商場等候排隊的人數分布，潛在乘坐公車總人數……等。

$$p_k := P(X = k) = \frac{\lambda^k}{k!} e^{-\lambda}$$

指數分布 $X \sim Ex(\lambda)$ 描述在給定時間點以後，第一個質點到達的時刻。生活中常用指數分布來描述「無記憶」情況下，儀器失效的時間分布。

指數分布的機率密度函數如下

$$f_X(x) = \begin{cases} \lambda e^{-\lambda t}, & x \geqslant 0 \\ 0, & x < 0 \end{cases}$$

基於實驗中的誤差估計，可以得到如下的分布類型：均勻分布 $X \sim U[a, 1]$ 描述一些在給定區間內誤差等機率情況的分布。其機率密度函數為

$$f_X(x) = \begin{cases} \dfrac{1}{b-a}, & x \in [a, n] \\ 0, & \text{其他} \end{cases}$$

正態分布 $X \sim N(\mu, \sigma^2)$ 描述在大量隨機因素作用下非均勻的誤差分布。生活中常見的正態分布有：男女身高、壽命、血壓……等。其分布函數為

$$f_X(x) = \frac{1}{\sqrt{2\pi}\,\sigma} e^{-\frac{(x-\mu)^2}{2\sigma^2}}$$

A.3　矩陣

矩陣的數學特徵

在很多問題中，我們往往只關心矩陣的一些數學特徵，而非矩陣本身。本節將介紹矩陣對應的行列式以及特徵值的概念。

首先提出數組置換（permutation，又稱排列）的概念。對於元素取值為 $1 \sim n$ 且兩兩不等的一個數組 $(a_1, a_2, \cdots, a_n)$，我們希望透過一定的操作，將其變成 $(1, 2, \cdots, n)$，所允許進行的操作為鄰換，即可以將數組中相鄰的兩個元素調換位置。一般來說，有許多方法可以將原

數組變成 $(1，2，\cdots，n)$，但對於一個數組 $(a_1，a_2，\cdots，a_n)$ 可以證明，完成上述目標所需的鄰換個數的奇偶性是確定的。需要奇數個鄰換的數組為奇置換（odd permutation），而需要偶數個鄰換的數組為偶置換（even permutation）。

更一般地，可以對由自然數作為元素的數組定義置換的符號。對於數組 $\sigma = (\sigma_1，\sigma_2，\cdots，\sigma_n)$，如果其中存在相同的元素，其符號為 sgn $(\sigma) = 0$。對於元素兩兩不等的數組，考慮將其變為由其元素構成的標準排列

$$\mu = (\mu_1，\mu_2，\cdots，\mu n)，\mu_1 < \mu_2 < \cdots < \mu n$$

所需鄰換個數的奇偶性：如果需要奇數個鄰換，則 sgn $(\sigma) = -1$，如果需要偶數個鄰換，則 sgn $(\sigma) = 1$。

　　例 A.1：考慮由數字 1，2，3 組成的數組 $(2，3，1)$ 和 $(2，1，3)$，對於第一個數組，可以透過鄰換 $3 \leftrightarrow 1，1 \leftrightarrow 2$，或者 $2 \leftrightarrow 3，2 \leftrightarrow 1$ 將其置換為數組 $(1，2，3)$，但 2 種置換所需鄰換數均為 2，因此數組符號為 1，或者稱之為偶置換。類似的，可以由多種置換將第 2 個數組置換為 $(1，2，3)$，但所需置換數均為奇數，因此數組符號為 -1。

　　對於方陣，可以定義其對應的行列式（determinant）。對於一個 n 維方陣 A，其行列式為以下的算式：

$$\det(A) = \begin{vmatrix} a_{11} & a_{12} & \cdots & a_{1n} \\ a_{21} & a_{22} & \cdots & a_{2n} \\ \vdots & \vdots & \ddots & \vdots \\ a_{n1} & a_{n2} & \cdots & a_{nn} \end{vmatrix} = \sum_{\sigma \in S_n} \left(\operatorname{sgn}(\sigma) \prod_{i=1}^{n} a_{i,\sigma_i} \right)$$

　　其中，S_n 為由 $\{1，2，\cdots，n\}$ 構成的所有置換的集合 [1]。即行列式是由所有不同行、不同列的元素乘積線性組合而成，對於每一項乘積，當將構成其的元素按列標由小到大排列時，按照其行標構成的數組的置換符號確定該項的係數。

對於方陣是否存在逆矩陣，不加證明地給出下述充要條件：方陣 A 存在逆矩陣的條件是 det $(A) \neq 0$。

對於二階、三階行列式，可以將其對應到平行四邊形和平行六面體。對於如圖 A.1 (a) 的平行四邊形，其 4 個頂點的坐標由 a，b，c，d 給出。容易求出，其面積為二階行列式

$$\begin{vmatrix} a & b \\ c & d \end{vmatrix} = ad - bc$$

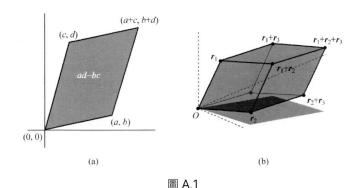

圖 A.1

對於圖 A.1 (b) 的平行六面體，其 8 個頂點由三維向量 r_1，r_2，r_3 確定。容易求出平行六面體的體積為三階行列式

$$\begin{vmatrix} \boldsymbol{r}_1 \\ \boldsymbol{r}_2 \\ \boldsymbol{r}_3 \end{vmatrix} = \begin{vmatrix} r_{11} & r_{12} & r_{13} \\ r_{21} & r_{22} & r_{23} \\ r_{31} & r_{32} & r_{33} \end{vmatrix}$$

如果將行列式的一行／一列乘以一個常數 λ，行列式的值將變為原來的 λ 倍。利用二階行列式的幾何含義，可以很容易地看出這一點，例如，若向量 $(a，b)$ 擴大為原來的 2 倍，變為 $(2a，2b)$，平行四邊形的面積

變為原來的 2 倍。對應於行列式中則為

$$\begin{vmatrix} a & b \\ c & d \end{vmatrix} \rightarrow \begin{vmatrix} 2a & 2b \\ c & d \end{vmatrix} = 2\begin{vmatrix} a & b \\ c & d \end{vmatrix}$$

對於三階行列式倍數的幾何含義解釋,這裡不做具體分析,留給讀者
完成。

特徵值與特徵向量

對方陣而言,我們可以研究其特徵 / 固有值(eigenvalue)和特徵 / 固
有向量(eigenvector)。對於一個 n 維方陣 A,考慮下面的方程

$$Ax = \lambda x$$

其中,x 為一個 n 維行向量,λ 為一個純數 [2]。如果方程有解,則稱解 x
為 A 的特徵向量,λ 為 A 對應於 x 的特徵值。

某些情況下,我們只關心方陣 A 的特徵值。這可以透過 A 的特徵多
項式(characteristic polynomial)求解:

$$\det (A - \lambda I) = 0$$

當我們在複數域上考慮問題時,由代數基本定理,上述方程有 n 個複
數根。

---

(1)　這裡使用了置換群(permutation group)中的記號。

(2)　嚴格來說,對於特徵值的研究需要指定數域(field),這裡我們不做進一步的討論。

附錄 B

程式設計基礎

B.1　整數類型的運算

例 B.1：整數加減乘除和取模

```
>>> - 13 + 5
 - 8
>>> - 13 - 5
 - 18
>>> - 13 * 5
 - 65
>>> - 13/5
 - 3
>>> - 13 % 5
2
>>> 13 % ( - 5)
 - 2
```

　　例 B.1 中計算了－ 13 與 5 的加減乘除和取模。注意除法，如果整數間不能整除，那麼「/」的結果是小於等於商的最大整數（此處需考慮正負數相除）。取模運算中結果模的值永遠介於 0 和除數之間。

例 B.2：乘方和開平方

```
>>> 5 ** 2
25
>>> 5 ** 0.5
2.23606797749979
>>>
```

　　例 B.2 中計算了 5 的 2 次方和 5 的開平方。其中，把開平方表示為求 0.5 次方。

B.2 變量命名規則

Python 中變量的命名規則如下：

· 名字由數字、字母和下劃線（底線）組成；

· 名字不能以數字開頭；

· 名字中的字母區分大小寫，例如 A 和 a 表示兩個不同的變量；

· 不能使用 Python 中的關鍵詞作為名字，例如，if，while 等用於描述程式結構和邏輯的詞，如果和變量名混用，會引起歧義。

B.3 關係表達式和邏輯表達式

關係表達式是用關係運算符號連接的兩個表達式，用於描述兩個表達式之間的關係。例如，餘數變量 remainder 為 0，用關係表達式描述為 remainder == 0，其中==為關係運算符號。常見的關係運算包括數值比較（大於>、小於<、等於==、大於等於>=、小於等於<=、不等於!=[1]）、集合比較（in）[2] 等。關係表達式的值為真（True）或者假（False）。True 和 False 的類型被稱為布林型，可以賦值給變量，一個代表真假值的變量也稱為布林變量。

例 B.3：關係表達式

```
>>> 1 > 2
False
>>> a = 3
>>> a > 2
True
>>> a >= 3
True
```

```
>>> 123 == 1.2
False
>>> 91 % 14 == 0
False
>>> 91 % 7 == 0
True

>>> 1 >'abc'
False
```

其中，Python 能夠判斷數值之間的大小關係，能夠判斷兩個表達式之間的關係。注意，例 B.3 中，雖然比較了 1 和「abc」並獲得一個結果，這種比較在程式中並不被推薦，因為語義上兩者比較大小沒有意義（Python 的內部表示中，兩者都是 0 和 1 的串，所以有一個大小關係，但是這個關係並不符合人類考慮兩者關係的邏輯）。

布林表達式由邏輯運算符號連接關係表達式、布林值或布林變量來構成，用於描述與、或、非等關係；這 3 個邏輯關係在程式中用 and，or，not 來描述。例如，我們有時會描述如下邏輯「當人數大於 10 且人數小於 100 時，在教室一上課」，這裡「人數大於 10」和「人數小於 100」是要同時成立（True），它們的關係是邏輯與。

與、或是二元運算符號，它們連接兩個布林值的計算結果，如表 B.1 所示；非是一元運算符號，它對其後的布林值取反。這一計算規則也符合日常生活中 3 者的語義。一個複雜的布林表達式，可以由上述 3 個邏輯運算符號和小括號組合嵌套來描述，其運算的優先級，從高到低依序是小括號、非、與、或。

表 B.1　3 個真值表

與	**and**	True	False
	True	True	False
	False	False	False
或	**or**	True	False
	True	True	True
	False	True	False
非	**p**	True	False
	not p	False	False

　　布林表達式的值計算方法如下：先將關係表達式和布林變量替換為它們對應的布林值，再根據邏輯運算符號的計算規則進行計算。其中，與、或、非的計算優先級是非＞與＞或，但是小括號優先於這 3 者。

例 B.4：與、或、非邏輯運算、優先級和複雜布林表達式

```
>>> True and False
False
>>> True or False
True
>>> not True
False
>>> not True or False
False
>>> not (True or False)
False
```

B.4　函數調用中的傳值和傳引用

　　函數調用按照實參的傳遞類型分 2 種：傳值調用和傳引用調用。

　　在傳值調用中，調用者的實參變量會被製作一份全新的複製，並將新的複製賦予函數進行計算，所有函數內部的修改動作，都不會影響被

調用者的實參變量的值。常見的基本類型都是傳值調用，包括整數變量、浮點數變量、字符串變量。

　　傳引用調用對實參變量的處理方式不同。在傳引用調用中，一個新的變量（相當於標籤）被創建，但是新變量指向實參變量對應的相同值。在函數體執行時，如果是賦值命令，那麼相當於把新變量指向一個新的值，不會改變實參變量；如果是其他修改命令，那麼就會對值進行修改，形參變量也會有相同的修改（因為它也指向相同的值）。常見的複雜類型（容器類）都是傳引用調用，包括列表、元組、字典、集合。

例 B.5：int，float，string

```
def ModifyInt(n):
    print("Callee, before modification:", n)
    n = n + 1
    print("Callee, after modification", n)
n1 = 10
print("Caller, before the function call:",  n1)
ModifyInt(n1)
print("Caller, after the function call", n1)
C:\Users\username\Desktop > python example.py
Caller, before the function call: 10
Callee, before modification: 10
Callee, after modification 11
Caller, after the function call 10
```

　　0.2.4 節介紹了列表 list，並用 for 循環來遍歷一個列表。在 B.5 節中，將會介紹關於列表、元組、字典、集合等複雜類型的使用方法（如何使用和修改它們），它們在函數調用中均為傳引用調用。這裡，以 list 為代表，展示傳引用調用。關於本書中其他未描述類型的函數調用方法，讀者可以參考設計文檔，或仿照本文中的例子做簡單的練習。

例 B.6：修改列表變量

```python
def ModifyList(l):
    print("Callee, before modification:", l)
    l.append(100)
    print("Callee, after modification:", l)


l = [1,2,3]
print("Caller: before the function call:", l)
ModifyList(l)


print("Caller: after the function call:", l)

C:\Users\username\Desktop > python example.py
Caller: before the function call: [1, 2, 3]
Callee, before modification: [1, 2, 3]
Callee, after modification: [1, 2, 3, 100]
Caller: after the function call: [1, 2, 3, 100]
```

B.5　複雜類型

　　在 0.2.6 節中使用了 fd.open（），fd.write（）和 fd.close（）來調用函數，這與 0.2.5 節中定義和使用函數的方法並不相同。這種類型的函數是複雜類型變量的成員函數 [3]。成員函數可以接受參數進行計算，但同時，它也可以操作它隸屬的變量（可以將它隸屬的變量理解為一個默認的參數）。定義和使用成員函數的好處是，不同類型的變量可能會有語義相似的操作函數（例如，「打開」檔案、「打開」網頁連結），這些函數的實現方式是不同的，此時，將函數隸屬於變量（而不是在函數中判斷變量類型再做不同實現），可以自然地將函數實現隔離開；即避免了實現的複雜性，也不影響使用時的調用。Python 標準庫中有若干內置的複雜類型，本節將介紹它們的使用方式。

　　前文中字符串已經被多次用來提示訊息和輸出結果。但字符串本身也有若干操作，其成員函數處理字符串時，一般不會改變字符串的值，但會返回一個新的字符串來代表處理結果。

　　字符串中的每一個字符，在電腦內部有特定的描述方式，通常英文常見的字符採用 ASCII 編碼。字符和它的 ASCII 編碼值可以相互轉化。另外，在字符串中，部分字符無法用鍵盤直接輸入，通常用它們的轉義字符來描述。例如，例 0.30 中，在檔案結尾追加一個回車符號重起一行，再追加字符串「hello, world!」。我們無法透過鍵盤上的回車按鍵在字符串中添加回車字符，只能使用其轉義字符「\n」。類似的轉義字符有製表符「\t」、反斜線「\\」等。常見轉義字符及其含義見表 B.2。

表 B.2　轉義字符及其含義

轉義字符	描　　述
\（在行尾時）	續行符
\\	反斜槓符號
\'	單引號
\"	雙引號
\a	響鈴
\b	退格（backspace）
\c	轉義

轉義字符	描　　述
\000	空
\n	換行
\v	縱向制表符
\t	橫向制表符
\r	回車
\f	換頁
\oyy	八進制數，yy代表的字符，例如:\o12代表換行
\xyy	十六進制數，yy代表的字符，例如:\x0a代表換行
\other	其他的字符以普通格式輸出

```
例 B.7：字符串操作

s = "  Hello, World!   "
print("s is", "'" + s + "'.", "s.upper() is", "'" + s.upper() + "'.")
print("s is", "'" + s + "'.", "s.lower() is", "'" + s.lower() + "'.")
print("s is", "'" + s + "'.", "s.strip() is", "'" + s.strip() + "'.")

C:\Users\username\Desktop > python example.py
s is '  Hello, World!   '. s.upper() is '  HELLO, WORLD!   '.
s is '  Hello, World!   '. s.lower() is '  hello, world!   '.
s is '  Hello, World!   '. s.strip() is 'Hello, World!'.
```

　　字符串可以用雙引號或單引號來表示。如果用雙引號表示，那麼字符串內可以直接使用單引號字符，但是雙引號內的雙引號字符需要用雙引號的轉義字符表示；單引號字符串規則相同。

　　上例中，用 "'" + s + "'." 來表達 3 個字符串（"'"，s，"'."）連接組成一個新的字符串，這種表達方式可行，但是並不直觀。我們引入字符串格式化來更簡潔地表達相同的邏輯。參考下例，字符串格式化需要描述一個字符串樣板，然後調用字符串的成員函數 format（）並描述其參數。字符串樣板由普通字符和格式化占位符組成，格式化占位符用大括號和數字描述，數字從 0 開始按 1 遞增，$\{X\}$ 表示 format 函數的第 X 個參數。format 的參數為對應的表達式，參數個數需大於等於格式化占位符的個數。實際運行時，format 的參數替換掉格式化占位符的位置，形成新的字符串。Python 中字符串格式化有另外的方法（C 語言風格），在此不加以介紹。

```
例 B.8：字符串格式化方法

print("The string is '{0}'".format("Hello, World!"))
print("The {0} century is the century for {1}".format(21, "AI"))
```

表 B.2 在前文中已經被引入。可以使用中括號括起若干元素，表示一個序列的值。程式中，這個序列按照順序置於中括號中。List 的大小是它內部元素的數量。List 中的每個元素透過索引來讀取或者修改，注意，索引從 0 開始計數，一個大小為 N 的 list 的元素索引為 $0 \sim N - 1$。獲取 list 中一個元素的方式是透過索引運算符號［］，例如，l [1] 表示取列表 l 中的第 2 個元素（第一個為 0）。每一個元素被獲取後，可以參與運算（組成表達式）和賦值。

list 允許擴充和刪減。向 list 尾部添加元素用 append（），例如，l.append（1）表示向列表 l 尾部添加一個元素 1；向 list 位置 i 添加元素，用 insert（），此時位置 i 和之後的元素會順次向後移動一個位置，例如，l.insert（2，1）表示向列表 l 的位置 2 插入一個元素 1；刪除 list 位置 i 的元素用 del，修改前在位置 $i + 1$ 和之後的元素會依次向前移動一個位置，例如 del l［2］表示刪除列表 l 中位置為 2 的元素。

列表中的若干成員函數是修改列表本身的。列表的遍歷是按照索引順序執行的。

例 B.9：列表：插入、影印、排序、添加

```
l = [1, 3, 2, 5, 4]
l.insert(0, -1), print(l)
l.sort(), print(l)
l.append(100), print(l)
C:\Users\username\Desktop > python example.py
[-1, 1, 3, 2, 5, 4]
[-1, 1, 2, 3, 4, 5]
[-1, 1, 2, 3, 4, 5, 100]
```

元組與列表類似，使用小括號括起若干元素（當元素個數為 1 時，需要在元素後面加一個逗號，來區分算術運算表示高優先級的小括

號）。元組是不可被修改的，元組中的函數往往會返回一個新的元組，而不是修改原本的元組。元組的遍歷是按照索引順序執行的。

例 B.10：元組：排序

```
t = (1, 3, 2, 5, 4)
print("t is", t)
t1 = sorted(t)
print("t1 = sorted(t), t is ", t, "t1 is", t1)
C:\Users\username\Desktop> python example.py
t is (1, 3, 2, 5, 4)
t1 = sorted(t), t is  (1, 3, 2, 5, 4) t1 is [1, 2, 3, 4, 5]
```

字典是一個「鍵 ── 值」對的集合，其中一個字典中的鍵是唯一的。字典可以透過大括號來聲明，字典存取是透過鍵來進行的，在下例中，d 是一個字典，d [key] 則表示字典中鍵為 key 的變量，該變量可以被賦值（由於鍵的唯一性，多次賦值會使後面的賦值覆蓋前面的賦值），也可以被讀取用於運算。字典沒有索引（即內部的對沒有順序），但是字典可以被遍歷，遍歷按照內部某個順序進行，且每個對被訪問一遍。

例 B.11：字典：添加、影印

```
d = {}
d[1] = '1'
print(d[1])
d[1] = '2'
print(d[1])
d = {1:2, 2:4, 3:6}
for k, v in d.items():
print("key is", k, "value is", v)
C:\Users\username\Desktop> python example.py
1
2
```

```
key is 1 value is  2
key is 2 value is  4
key is 3 value is  6
```

Python 中的集合與數學中的集合含義相同。集合可以儲存若干元素，但是元素不能重複。集合透過內置函數 set 來聲明，透過 add 來添加元素。當多次添加同一元素時，集合內部僅保留一份。集合的其他操作如下表所示。集合沒有索引，但是可以被遍歷。

例 B.12：集合：添加、影印、交集

```
s = set()
s.add(1)
s.add(2)
s.add(1)
print(s)
s1 = {2, 3}
s2 = s1.intersection(s)
print("s is", s, "\ns1 is", s1, "\ns2 is ", s2)
```

上述的 5 個複雜類型都可以被遍歷，函數 len 可以獲取它們內部元素的個數，示例如下。

例 B.13：可遍歷變量的長度：字符串、列表、元組、字典、集合。

```
str1 = "1234"
l = [1,2,3,4,5]
t = (1,2,3,4,5,6)
d = {1:"A", 2:"B"}
s = {1,2,3}
print(len(str1), len(l), len(t), len(d), len(s))
C:\Users\username\Desktop> python example.py
4 5 6 2 3
```

B.6　一些技巧

本書描述部分可以簡化程式設計的方式，以提高程式設計效率。首先類似 var ＝ var ＋ expression 的賦值表達式可以簡寫為 var ＋＝ expression，兩者語義相同。類似的運算有－＝，＊＝，/＝，//＝，%＝。

條件表達式 expr1 if cond else expr2 會判斷條件 cond 是否為真，如果 cond 為真，返回 expr1，否則，返回 expr2。

```
例 B.14：條件表達式示例

v1 = 'A' if 1 == 2 else 'B'
v2 = 'A' if 1 == 1 else 'B'
print(v1, v2)
C:\Users\username\Desktop> python example.py
B A
```

在循環中生成一個列表，可以用另外一種寫法，減少程式閱讀的難度：[expr1 for var in container]。將 for 循環嵌套在中括號內，其語義是執行 for 循環，將 expr1 表達式生成的值逐個添加到列表中。

```
例 B.15：

l = range(1, 5)
l1 = [i * 2 for i in l]
l2 = []
for i in l:
    l2.append(i * 2)
print(l, l1, l2)
C:\Users\username\Desktop> python example.py
range(1, 5) [2, 4, 6, 8] [2, 4, 6, 8]
```

B.7　程式設計風格

建議讀者按照如下風格進行程式設計：

（1）適當的抽象和定義函數，讓每一個函數語義明確而簡潔；

（2）整個程式按照統一的風格縮排，每層縮排長度相同，全局縮排方式統一（都使用空格或者 tab 符號）；

（3）變量和函數命名要含有語義，便於（自己或他人）閱讀，命名風格要統一（例如：變量名小寫開頭，函數名大寫開頭；名字如果含有多個單詞，則從第 2 個單詞開始，每個單詞首字母大寫）。

---

(1)　等於和不等於還可用於其他非數值類型，例如對比兩個字符串是否相等。

(2)　詳細介紹見 B.5 節。

(3)　感興趣的讀者可以繼續學習面向對象程式設計，並了解類的概念。

人工智慧入門：

演算分析 × 設計習題 × 章節回顧，不只當「被 AI 引導的人」，更要成為「掌控 AI 的人」！未來不遠，跟不上時代腳步，未來一定不會有你！

作　　者：姚期智

發 行 人：黃振庭

出 版 者：崧燁文化事業有限公司

發 行 者：崧燁文化事業有限公司

E-mail：sonbookservice@gmail.com

粉 絲 頁：https://www.facebook.com/
　　　　　sonbookss/

網　　址：https://sonbook.net/

地　　址：台北市中正區重慶南路一段六十一號八
　　　　　樓 815 室

Rm. 815, 8F., No.61, Sec. 1, Chongqing S. Rd.,
Zhongzheng Dist., Taipei City 100, Taiwan

電　　話：(02)2370-3310

傳　　真：(02)2388-1990

印　　刷：京峯數位服務有限公司

律師顧問：廣華律師事務所 張珮琦律師

定　　價：450 元

發行日期：2023 年 11 月第一版

◎本書以 POD 印製

國家圖書館出版品預行編目資料

人工智慧入門：演算分析 × 設計習題 × 章節回顧，不只當「被 AI 引導的人」，更要成為「掌控 AI 的人」！未來不遠，跟不上時代腳步，未來一定不會有你！ / 姚期智著 . -- 第一版 . -- 臺北市：崧燁文化事業有限公司 , 2023.11

面；　公分

POD 版

ISBN 978-626-357-775-6(平裝)

1.CST: 人工智慧

312.83　112016775

電子書購買

臉書

爽讀 APP